Marc-Wilhelm Kohfink
Bienen überwintern

Marc-Wilhelm Kofink

Bienen überwintern

Gesund und stark ins Frühjahr

32 Fotos
15 Zeichnungen

Inhalt

7 Vorwort

12 Warum Bienenvölker im Winter sterben
12 Deutsches Bienenmonitoring
13 Der Staatsfeind Nr. 1: Die Varroamilbe
16 Kotspritzer zeigen Nosema an
18 Alte Königinnen sterben früher
18 Schwacher Bienensitz heißt schlechte Überwinterung
19 Im nassen Grab: Todesursache Feuchtigkeit
20 Verhungerte Bienen sargen sich ein
22 Wenn auf Frost der Tod folgt
23 Pflanzenschutzmittel: Zu Tode gespritzt
24 Veränderungen im Leben der Imker
25 Was sonst noch diskutiert wird
25 Geringere Sterblichkeit

26 Bausteine einer erfolgreichen Überwinterung
27 Finden Sie eine wintergerechte Wohnung
28 Offener oder geschlossener Boden?
29 Denken Sie ganzjährig an die Überwinterungsphase
34 Schützen Sie Ihre Bienen vor Störenfrieden
38 Lassen Sie die Bienen im Winter in Ruhe!
38 Sind Ihre Bienen fit für den Winter?
40 Ihr Ziel: Gesunde Winterbienen
41 Brutentnahme
44 Behandlung mit Ameisensäure
51 Bestandsbuch
52 Wintern Sie auch Ihren Wabenbestand richtig ein

55 Ihre Bienen im Winter
55 Winterbienen – die Überlebenskünstler
60 Wie geht es meinen Bienen?

62 Überwinterung am Sommerstand
62 In jeder Beute überwintern die Bienen anders
68 Überwintern in Einfachbeuten
69 Afrikanische Beute im Winter: Die Top-Bar-Hive
71 Füttern nicht nötig – Die Warré-Beute

73 Warmes Verpacken am Sommerstand
74 Überwintern im warmen Süden

76 Warmes Überwintern am Winterstand
76 Sieben Gründe für warmes Überwintern
78 Beachten Sie diese Grundlagen
80 So überwintern Sie Bienenvölker in einer Miete
82 Weitere Formen der Vermietung
83 Überwinterung in einfachen Gebäuden
84 Überwinterung im Bauwagen
85 Bringen Sie Ihre Völker im Keller gut durch den Winter

89 Reinigungsflug – das große Erwachen
89 Ein Wort zum Trost zuvor
89 Wann sich die erste Durchsicht empfiehlt
91 So retten Sie weisellose Einheiten
91 Wie Sie schwache Völker stärken
93 Ermitteln Sie die Futtervorräte
93 So retten Sie Ihre Bienen vor dem Hungertod
95 Turbo-Bienen durch Frühjahrsreizung?
96 Sichern Sie eine gute Versorgung mit Pollen
98 Frühjahrsreizung mit Warmluft
98 Ihre Bienen brauchen Wasser
99 Und plötzlich sterben sie doch – am Akuten Bienen-Paralyse-Virus
100 Schützen Sie Ihre Bienen vor Dieben

102 Zum Schluss: Überwinterte Bienen zukaufen
102 Wie und wo Sie die besten Bienenvölker finden
103 Bienenkauf ist Vertrauenssache
104 Der angemessene Preis für ein Bienenvolk
105 Importe aus dem Ausland: Paketbienen

106 Service
106 Literatur
107 Adressen
107 Internet
108 Bildquellen
108 Haftungsausschluss
109 Register
111 Impressum

Vorwort

Jeder, der Bienen hält, kennt diese Frage: „Sind Sie auch von dem Bienensterben betroffen?" Stellen Sie sich jetzt vor, Sie könnten darauf antworten: „Nein, fast alle meine Völker haben den Winter überlebt!"

Es ist das Anliegen dieses Buches, dass Sie genau diese Antwort geben können. Denn das Überleben oder Nichtüberleben von Bienen ist kein Schicksal und kein Lotteriespiel. Sie als Imker haben es in der Hand, ob Ihre Bienenvölker gut in den Winter kommen und ebenso gut wieder aus der kalten Jahreszeit heraus kommen. Dass es geht, beweisen jene Imker, die scheinbar alles richtig machen: Sie haben keine oder nur geringe Bienenverluste zu beklagen. Als „normal" wird eine Bienensterblichkeit von 15 % bis 20 % angesehen. In diesem Buch erfahren Sie, wie Sie diese natürliche Sterblichkeit auf 10 %, 8 %, 5 % oder noch weniger tote Bienenvölker drücken können.

Das Thema „Bienensterben" ist seit Jahren in den Medien. Es rührt an tiefsitzende Ängste, denn die Folgen eines flächendeckenden Verschwindens von Honigbienen wären verheerend für die Welternährung und die Biodiversität. Der Kinofilm „More than honey" hat 2012 gezeigt, wie eine Welt ohne Bienen aussähe: Menschen müssten selbst auf Bäume klettern und mit Wattestäbchen von Hand Nutzpflanzen bestäuben.

Dabei ist das Risiko, dass Bienenvölker sterben, in Europa sehr unterschiedlich. Das EU-finanzierte COLOSS-Projekt (Prevention of honey bee COlony LOSSes) beobachtet seit 2008, wie viele Bienenvölker jedes Jahr in Europa nicht durch den Winter kommen. Die Ergebnisse erlauben eine Einteilung in zwei Gruppen:
- In eine Staaten-Gruppe mit geringeren Verlusten unter 15 % wie: Österreich, Schweiz, Deutschland, Polen, Kroatien, Bosnien-Herzegowina, Dänemark, Norwegen und Schweden.
- In eine Gruppe von Ländern mit über 15 % jährlichen Bienenverlusten wie: Belgien, Niederlande, Großbritannien, Italien, Irland und Frankreich. Hier lagen die durchschnittlichen Winterverluste meist in den 20er Prozentzahlen.

In Deutschland wird die Bienensterblichkeit seit 2004 im Rahmen des Deutschen Bienenmonitorings (DeBiMo) erfasst. Parallel dazu untersucht das Bieneninstitut in Mayen (Eifel) die Völkerverluste. Beim DeBiMo sind die überwachten Bienenstände repräsentativ über ganz Deutschland verteilt. Die Untersuchung in Mayen hat einen regionalen Schwerpunkt in Rheinland-Pfalz, dem Saarland sowie Nordrhein-Westfalen und beruht auf freiwilligen Meldungen der Imker.

Tabelle: Bienensterblichkeit in Deutschland

Winter	Verluste
2008/09	11,0 %
2009/10	18,1 %
2010/11	16,3 %
2011/12	22,6 %
2012/13	15,3 %
2013/14	9,6 %

Quelle: Fachzentrum Bienen und Imkerei, Mayen

Das erklärt teilweise unterschiedliche Zahlen hinsichtlich der Winterverluste.

Bienensterben in den USA

Gegenüber den USA nehmen sich diese Zahlen recht moderat aus. Seit 2006 schwanken die jährlichen Winterverluste dort zwischen 29 % (Winter 2010/11) und 34 % (2009/10). Die Ursachen dafür sind immer noch unklar. In Studien führen die US-Imker die Verluste auf ein ganzes Bündel möglicher Ursachen zurück: Hungerzeiten, schwache Völker im Herbst, schwierige Überwinterungsbedingungen, Varroamilben, der kleine Beutenkäfer und die Infektion mit dem Israelischen Akute-Bienenparalyse-Virus (IABV). Alle diese Belastungen führten zum massenhaften Zusammenbrechen von Bienenvölkern. Dieses wurde als CCD (Colony Collapse Disorder) beschrieben. Dabei öffnen die Imker im Frühjahr die Bienenwohnungen und stellen fest, dass die Bienen einfach verschwunden sind. Das typische Schadbild: Stehen gebliebene Brut und ein klägliches Häuflein, bestehend aus 20 Bienen und einer Königin. Das ist alles, was im Frühjahr von einem Volk mit zehntausenden von Arbeiterinnen übrig geblieben ist.

Unterschiedliche Gründe

Dass das alles kein Schicksal ist, sondern auch der Imker eine Rolle spielt, zeigt der Umstand, dass die Bienenvölker von Imkern mit größeren Völkerzahlen das Frühjahr eher erleben als die Kolonien von Nebenerwerbs- und Freizeitimkern. Es muss also auch an der Art und Weise liegen, wie die Bienen gehalten werden.

Von diesem Bienensterben ist der Tod von Bienenvölkern durch Vergiftung zu unterscheiden. In Deutschland gab es 2003 und 2008 zwei größere Vergiftungsfälle, die häufig im Zusammenhang mit dem sogenannten Bienensterben genannt werden. 2003 starben Bienenvölker, nachdem sie in niedersächsischen Kartoffelfeldern unterwegs gewesen waren. Dabei ist die Blüte der Kartoffel eigentlich für Bienen nicht attraktiv. In dem Fall waren die Bienen trotzdem in die Anbauflächen geflogen, um dort Honigtau zu sammeln. Weil die Landwirte kurz zuvor Pflanzenschutzmittel versprüht hatten, waren Bienenverluste zu beklagen. 2008 kam es im Oberrheingraben zu einem weiteren massenhaften Bienensterben. Fehlerhaft mit Insektiziden gebeiztes Maissaatgut wurde mit ungeeigneten Maschinen ausgesät. Die Abluft aus den Maschinen pustete giftigen Staub in die Luft, der sich über von Bienen beflogene Rapsfelder legte. Das waren Unglücksfälle. Sie verursachten lokal begrenzte Todesfälle unter Bienenvölkern.

Eine akute Vergiftung erkennen Sie leicht, wenn nur noch wenige Flugbienen unterwegs sind. Vor den Fluglöchern liegen sehr viele tote, krabbelnde oder kreiselnde Bienen. Sollten Sie einen Verdacht haben, dass Ihre Bienen Opfer einer Vergiftung wurden, dann empfiehlt es sich, Bienenproben an das Julius-Kühn-Institut (JKI) in Braunschweig senden. Die Adresse finden Sie im Service-Teil.

Solche Vergiftungen haben jedoch nichts mit der Überwinterung zu tun. Sie sind daher nicht Thema dieses Buches.

Tipp
Machen Sie sich klar, dass Sie trotz guter fachlicher Praxis vor Vergiftungsfällen nicht geschützt sind.

Erfolgreiches Überwintern ist möglich

Um Bienen erfolgreich durch den Winter bringen zu können, brauchen Sie als Imker einen geschulten Blick auf die vielen Bausteine, die für eine erfolgreiche Überwinterung von Belang sind. Diese lernen Sie auf den folgenden Seiten kennen. Darüber hinaus erfordert das Thema eine gründliche Kenntnis vom Leben der Bienen im Winter. In diesem Buch erfahren Sie alles, was Sie darüber wissen müssen, um sich jeweils im Frühjahr an quicklebendigen Bienen erfreuen zu können.

Sie werden erkennen, dass die erfolgreiche Überwinterung aufwendig, aber machbar ist. Sie ist, wie die alten Imker schon vor 100 Jahren sagten „die Königsdisziplin der Imkerei", das heißt ein untrügliches Zeichen, wie gut ein Imker sein Fach beherrscht.

Angesichts des viel zitierten „Bienensterbens" ist diese Tatsache allerdings etwas in Vergessenheit geraten. Denn unstrittig gibt es Jahre, in denen sich Imker flächendeckend über höhere Bienenverluste beklagen, für die nur zu schnell die moderne Landwirtschaft

Bienenverluste in der Vergangenheit

Winter	Verluste	Ursachen / Diskussionen
1945 / 46	31 %	Zuckermangel, Waldhonig, **Ruhr**
1962 / 63	27 % z.T. Totalverluste	harter Winter, kein Reinigungsflug Tannenhonig, keine Pollenreserve
1972 / 73	ca. 30 %	Entwicklungsstopp im Frühjahr
1974 / 75	nicht exakt erfasst	bienenwidriges Wetter, schlechte Pollenversorgung, **Nosema**
1984 / 85	ca. 30 %, 32000 Völker	späte Tannentracht, schlechte Pollenversorgung, **Nosema, Varroa**
1995 / 93	30 % – 40 %	späte Waldtracht, schlechter Winter kalter März, **Varroa**
2002 / 03	30 % z.T. Totalverluste	späte Waldtracht, schlechte Pollenversorgung, strenger und langer Winter, **Varroa, PSM ??**

Verändert aus: Peter Rosenkranz, Bienenpflege, 5/2004

verantwortlich gemacht wird. Ohne die Auswirkungen von ausgeräumten Landschaften, Monokulturen und Pestizideinsatz verharmlosen zu wollen, hilft es nichts, der Vergangenheit hinterher zu trauern. Denn dabei wird übersehen, dass es auch schon in der Vergangenheit massenhafte Bienenverluste gab.

Von einem Bienensterben sprechen Bienenwissenschaftler immer dann, wenn flächendeckend 30 % oder mehr der Bienenkolonien den Winter nicht überleben. Wie die Tabelle zeigt, gab es bereits früher solche Jahre und es wird sie wohl auch in Zukunft geben.

Erwarten Sie jedoch keine einfachen Rezepte: Wie Sie in diesem Buch lesen werden, hängt das erfolgreiche Auswintern gesunder Bienenvölker von einer Vielzahl verschiedener Komponenten ab. Diese können Sie nur zum Teil beeinflussen können. Dem Wetter sind Sie beispielsweise fast hilflos ausgeliefert. Daher kann es auch keine einfachen Lösungen geben, die überall, für jedes Bienenvolk und für jeden Imker passend sind. An manchen Standorten, zu bestimmten Zeiten und für manche Bienenvölker kann es beispielsweise sinnvoll sein, diese zur Überwinterung möglichst bodennah aufzustellen. An anderen Standorten und zu anderen Zeiten würden Sie Ihre Völker dadurch aber gefährden.

Überwinterung im Bienenjahr

Wie Sie erfahren werden, kann die erfolgreiche Überwinterung Ihrer Völker nicht von den zwei anderen Phasen des Bienenjahrs getrennt werden. Diese sind:

- Die Phase des Wachstums im Frühjahr, die von Ihnen erst das Erweitern und dann das Schröpfen oder Distanzieren Ihrer Völker zur Schwarmverhinderung und nebenher den Aufbau neuer, gesunder Einheiten fordert.
- Die Phase der Ernte, Varroabehandlung und Auffütterung. Hier sind Sie als Imker dafür verantwortlich, nur überwinterungsfähige Völker zu erzeugen.

Am Anfang beziehungsweise am Ende dieser Phasen steht die erfolgreiche Überwinterung. Schlecht ausgewinterte Völker, werden Ihnen während der Saison keine Freude machen und mangelhaft eingewinterte Völker haben Mühe, das Frühlingserwachen überhaupt zu erleben. Versorgen Sie die Bienen im Spätsommer gut, denn Sie können im Winter oder im Frühjahr nichts mehr nachholen, was im Spätsommer versäumt wurde. Nur ein im Spätsommer gut eingewintertes Bienenvolk bringt ein kräftiges Frühjahrsvolk hervor, das zu einem starken und ertragreichen Sommervolk wird.

Das vorliegende Buch nimmt Sie an die Hand und zeigt Ihnen Schritt für Schritt, wie Sie für jeden Bienenstandort, mehr noch, für jedes Volk in Ihrer Imkerei genau die passende Überwinterungsmethode finden können.

Marc-Wilhelm Kohfink, Berlin

Warum Bienenvölker im Winter sterben

Im Winter 2002/03 gingen Meldungen über ein massenhaftes Bienensterben durch die Presse. Dabei klagten einzelne Imker über Ausfälle von 80–100 %. Die Verteilung der Verluste war allerdings höchst ungleichmäßig, denn viele Imker hatten nur normale Ausfälle von 10–20 %. Insgesamt waren durchschnittlich 30 % der Bienenvölker gestorben. Besonders die Imker mit den höheren Verlusten forderten eine Erforschung der Ursachen. Tatsächlich gab es keine eindeutig auf der Hand liegende Erklärung dafür, was die Völker massenhaft dahin raffte. In der Folge entstand das Deutsche Bienenmonitoring (DeBiMo).

Deutsches Bienenmonitoring

Am Bienenmonitoring beteiligen sich seither rund 120 ausgesuchte Imker mit jeweils zehn Bienenvölkern. Sie sind gleichmäßig über das gesamte Bundesgebiet verteilt. Die Untersuchungen werden von den Bieneninstituten der Länder nach standardisierten Verfahren durchgeführt. Im Unterschied zu anderen Studien, die im Nachhinein zu ergründen suchen, warum Bienenvölker eingehen, unterwirft das DeBiMo die Monitoring-Völker einer ständigen Beobachtung. In regelmäßigen Abständen werden Proben von Bienen, Honig und Bienenbrot genommen und auf Viren, Krankheitserreger, Rückstände und mögliche andere Schadensfaktoren untersucht. Die Ergebnisse des seit 2004 bundesweit durchgeführten DeBiMos lassen auf ein ganzes Bündel verschiedener Ursachen schließen, warum Bienen den Winter nicht überleben. Da sind zum einen vor allem eine hohe Belastung mit Varroamilben und durch diese übertragene Visusinfektionen zu nennen. Weitere Ursachen sind das fortgeschrittene Alter der Königin sowie schwache Völker im Herbst.

Die Ergebnisse zeigen auch, dass nicht jeweils nur eine Ursache zum Tod eines Bienenvolkes führt. So sterben die Völker also nicht einfach nur an Milben und andere Kolonien an Nosema. Vielmehr gibt es enge Wechselwirkungen, die sich gegenseitig verstärken. Schlechtwetterperioden begünstigen beispielsweise die Verbreitung von Nosema. Von Milben übertragene Viren und kühle Witterung fördern wiederum die Entwicklung des Bienenparalyse-Virus. Wissenschaftler diskutieren dieses Geflecht von Zusammenhängen und die Gewichtung in Bezug auf Überwinterungsverluste kontrovers. In diesem Kapitel erfahren Sie, aus welchen Gründen Bienenvölker eingehen. Wenn Sie selbst im Frühjahr eines oder mehrere tote Bienenvölker abräumen, sollten Sie sich stets bewusst machen, dass es vermutlich mehrere Ursachen für den Abgang der Einheiten gab.

Der Staatsfeind Nr. 1: Die Varroamilbe

Ein Ergebnis des DeBiMos ist eindeutig: Es gibt einen klaren Zusammenhang zwischen Winterverlusten und dem Befall mit Varroamilben. Der durchschnittliche Befall mit diesen Parasiten war bei überlebenden Völkern geringer als bei den gestorbenen Kolonien. Von Völkern, bei denen 10 von 100 Bienen mit Milben befallen sind, überleben 20 % den Winter nicht. Diese Zahl ist wichtig, weil nach herrschender Meinung ein Verlust von 20 % noch als normal gilt. Von den Völkern, bei denen 20 von 100 Bienen mit Milben befallen sind, überleben 50 % den Winter nicht. Allerdings gehen Wissenschaftler davon aus, dass Völker, die trotz einer so starken Vermilbung überleben, subletale Schäden mit sich herumschleppen. Diese verzögern eine gute Frühjahrs- und Sommerentwicklung und verwandeln die Völker in Schwächlinge während der Erntesaison.

Der Parasit

Die Varroamilbe (Varroa destructor) ist ein Parasit, der sowohl die Bienen als auch die Bienenbrut befällt. Diese Milbe ist in der Lage, Bienenkolonien so stark zu befallen, dass sie bereits im Herbst kollabieren. Sie in Schach zu halten, ist eine der wichtigsten Herausforderungen an Sie als Imker. Der ursprüngliche Wirt der Varroamilbe ist die asiatische Honigbiene (Apis Cerena). Die Milbe ist ein externer Parasit, der die Bienen von außen in ihren verschiedenen Entwicklungsstufen angreift. Die Varroamilbe vermehrt sich in den Brut-

Tipp

Die sicherste Methode, Bienenvölker lebend durch den Winter zu führen, besteht für Sie also darin, den Varroabefall unter 10 % zu drücken. So beträgt das Sterberisiko unter 10 %, wenn ein Bienenvolk im Oktober von weniger als sechs Milben pro 100 Bienen geplagt wird. Ab einer Befallsrate von 10 % entstehen Ihnen mit Sicherheit wirtschaftliche Schäden.

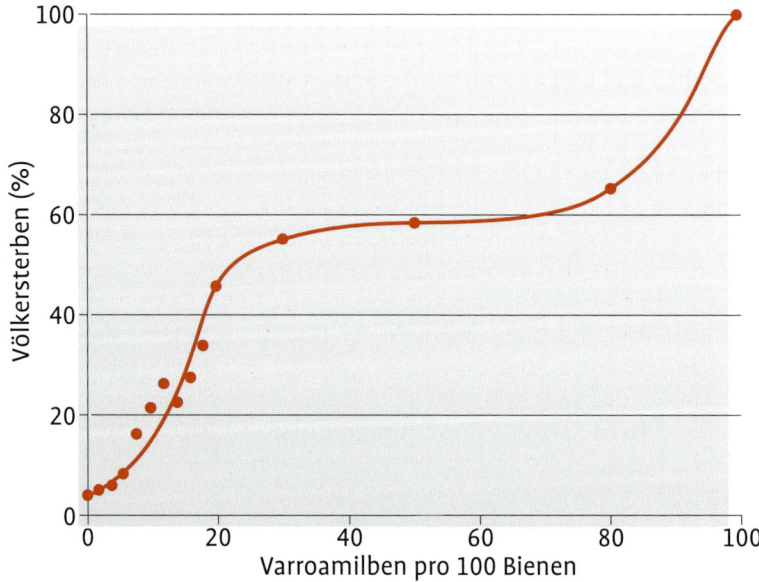

Völkersterben durch den Befall mit Varroamilben

zellen. Die erwachsene weibliche Milbe kann gut auf den Bienen, in der Bienenbrut und auf der Windel entdeckt werden. Sie hat einen ovalen, rotbraunen Körper und misst etwa 1,6 × 1,1 mm. Unsere heimischen Honigbienen wehren sich im Allgemeinen nicht gegen die Varroamilbe. Abhängig vom Befallsgrad, der Volksstärke und dem Wetter zeigen sich besonders in der Überwinterungsphase die verheerenden Auswirkungen eines Milbenbefalls oberhalb der Schadschwelle. Werden Bienenvölker nicht behandelt (siehe Kapitel Bausteine einer erfolgreichen Überwinterung, S. 26), brechen sie innerhalb von zwei Jahren zusammen. Wenn lebende Bienen übrig bleiben, sind es meistens nur einige erwachsene Bienen und die Königin. Die Milbe überträgt außerdem eine Reihe von Viruserkrankungen. Diese töten in der Regel die Bienen zwar nicht sofort, doch sie verkürzen die Lebensdauer der Tiere.

Gut zu wissen
Ein Befall mit Varroamilben schwächt die Bienen auch durch übertragene Krankheiten.

Varroa breitet sich aus

Fatal für die Gesundheit von Bienenvölkern ist die Tatsache, dass Varroamilben mobil sind und von Biene zu Biene wechseln – und zwar nicht nur innerhalb einer Beute, sondern auch zwischen den Bienenwohnungen verschiedener Bienenstände. Dieses Phänomen wird als Verflug bezeichnet. Er geschieht, wenn Bienen schwärmen, räubern oder sich in eine andere Beute einbetteln. Außerdem werden mit Pollen und Nektar beladene Sammelbienen gerne in fremde Völker eingelassen. Die Milben, die auf ihnen huckepack reisen, werden so verschleppt. In der Praxis bedeutet das, dass Sie nach einer erfolgreichen Varroabehandlung sofort mit einer Reinvasion mit Milben rechnen müssen. Eine Herbstbehandlung wird zunichte gemacht, wenn Ihr Nachbarimker es versäumt, seine Völker zu behandeln.

Eng mit der Varrose verbunden sind die zahlreichen Viren, mit denen sich Bienen infizieren können. Bis zum Auftauchen der Milben wurden mit Viren befallene Bienen als weitgehend bedeutungslos für den Erhalt eines Bienenvolkes betrachtet. Durch die Varroamilbe hat sich das geändert. Infektionen gelten als Stressfaktoren. Kommen weitere hinzu, können Viruserkrankungen tödlich verlaufen. Wichtige Viruserkrankungen sind das Bienen-Paralysevirus, das Kashmir-Bienen-Virus und das Flügel-Deformations-Virus (DWV).

Tipp
Sprechen Sie sich mit Ihren Nachbarn ab, in welchem Zeitraum Sie jeweils die Bekämpfung der Varroamilbe angehen wollen. Die Treffen des Imkervereins sind dafür die ideale Plattform.

Flügel-Deformations-Virus

Mit dem Flügel-Deformations-Virus befallene Bienen können Sie relativ leicht erkennen. Die Bienen haben verstümmelte und verformte Flügel sowie oft auch einen verkürzten wanzenartigen Hinterleib.

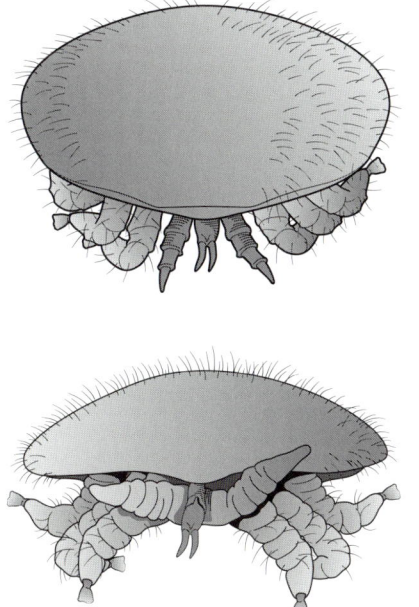

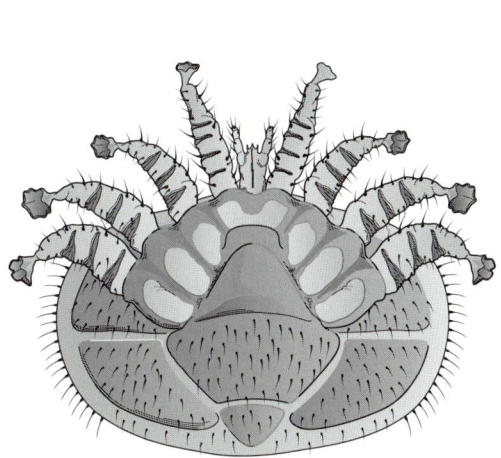

Varroamilbe

Die Bienen können nicht mehr fliegen und krabbeln vor dem Flugloch im Gras. Sie werden daher als Krabbler bezeichnet und sind ein sicheres Zeichen für einen hohen Befall mit Varroamilben. Behandeln Sie solche Bienenvölker unverzüglich!

Kotspritzer zeigen Nosema an

Erfahrene Imker sind bei Kotspritzern auf dem Flugbrett und auf der Stirnseite der Beute gewarnt. Sie sind sichere Indizien, dass die Bienen an Nosema oder Nosemose leiden. Schlägt dem Imker beim Anheben des Deckels ein übler Geruch entgegen und sind die Oberträger mit Flecken übersät, setzt sich das Bild auf den Waben fort. Überall sind Kotspritzer. Sind nicht alle Bienen tot, so sitzt mitunter ein dem Untergang geweihtes Häufchen dunkelfarbiger Bienen zitternd auf den Waben.

Nosema wird durch zwei verschiedene Einzeller, nämlich Nosema apis oder Nosema ceranae ausgelöst. Nosema ceranae stammt aus Asien und ist neueren Studien zufolge auf dem Vormarsch in Europa. Dabei wird diese neue Form besonders in den warmen Regionen Europas für winterliche Bienenverluste verantwortlich gemacht. Die Sporen von Nosema ceranae sind vergleichsweise kälteempfindlich. Vier Tage dauerhaft unter 4 °C reichen schon, die Sporen am Auskeimen zu hindern. Sporen von Nosema apis hingegen sind auch dann noch zu 80 % auskeimfähig. So erklärt es sich, dass die neuere Form dafür verantwortlich gemacht wird, dass in südlichen Klimata, besonders in Spanien und Frankreich die Bienenverluste höher sind als in Nordeuropa. Dort ist die bereits 1909 entdeckte Nosema apis weiter verbreitet. Das wichtigste Merkmal einer Nosema-apis-Erkrankung sind die beschriebenen Kotstreifen und -tropfen auf den Waben und in Fluglochnähe. Befallene Bienen altern schneller und übernehmen früher die Rolle älterer Bienen. Als Winterbienen schaffen sie es oft nicht mehr durch die kalte Jahreszeit. Die verbliebenen verlassen oft im Frühjahr mit gekrümmtem Hinterleib die Beute. Sie bilden dann kleine, flugunfähige Häufchen auf dem Boden vor der Beute. An Nosema erkrankte Bienen kommen oft geschwächt aus dem Winter und sind nicht in der Lage, im Frühjahr ein stärker werdendes Volk aufzubauen. Im Gegenteil: Es werden immer weniger Bienen. Daher wird die Krankheit auch als Frühjahrsschwindsucht bezeichnet.

Es gibt kein in der Europäischen Union zugelassenes Mittel, mit dem Sie Nosema behandeln können. In der Weltimkerei wird der Wirkstoff Fumagillin eingesetzt, der die Entwicklung der Sporen im Darm verhindert und damit die Erkrankung lediglich überdeckt.

Gut zu wissen
Es gibt zwei verschiedene Nosema-Erreger. Vor allem Nosema ceranae ist auf dem Vormarsch.

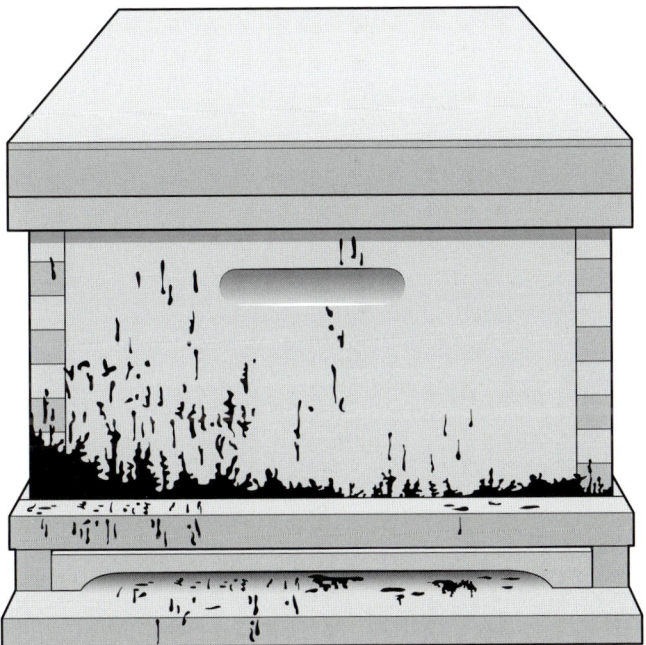

Nosema

Nosema erkennen und bekämpfen

Als Imker können Sie die Erkrankung mit Nosema einfach selbst feststellen. Ziehen Sie dazu aus dem Hinterleib einer toten Biene zwischen Daumennagel und Zeigefingerkuppe den Stachelapparat heraus. Daran hängt der Enddarm. Schauen Sie sich diesen genau an. Ist der Inhalt des Enddarms weißlich-glasig, so ist die Biene mit großer Wahrscheinlichkeit an Nosema erkrankt. Hat sie einen gelblich-hellbraunen Darminhalt, dann war die Bienen gesund.

Waben mit Kotspritzern können Sie durch Einfrieren desinfizieren. Am Bienenstand können Sie solche Waben mit 60%iger Essigsäure besprühen und die Erreger so unschädlich machen. Diese Methode eignet sich auch gut für die mit Kot verschmutzten Beutenteile. Beachten Sie aber, dass die Säure ätzend ist und die Atemwege reizt. Die beste Lösung ist indes, alle verkoteten Waben auszusortieren und im Sonnenwachs- oder Dampfwachsschmelzer weiterzuverarbeiten. Die Hitze tötet die Nosema-Keime zuverlässig.

Tipp
Nosema-Keime sind hitzeempfindlich. Verkotete Waben schmelzen und desinfizieren Sie effizient im Dampfwachsschmelzer.

Alte Königinnen sterben früher

Nosema ist oft eine Folgeerkrankung, wenn die Bienen unruhig in den Winter gehen. Eine häufige Ursache dafür ist der vom Imker unbemerkte Verlust der Königin. Viele Imker wollen nämlich ihre Bienen nach der Ernte so wenig wie möglich stören und beschränken sich auf die nötigsten Handgriffe. Dabei merken sie nicht, dass das Bienenvolk längst Anstalten gemacht hat, umzuweisen. Die Folge davon sind Jungköniginnen, die ungenügend begattet wurden. Das passiert in sonnigen und warmen Herbsten nach nassen und kalten Sommern. Außerdem trennen sich Bienen gerne von mehr als zwei Jahre alten Königinnen.

Das DeBiMo erbrachte erstmals den wissenschaftlichen Nachweis, was erfahrene Imker schon immer wussten: Bienenvölker mit vollwertigen, gesunden und jungen Königinnen überwintern besser als solche mit älteren. Dabei gibt es eine lineare Beziehung zwischen dem fortgeschrittenen Alter der Königin und dem Völkertod. Ein möglicher Grund für diesen Zusammenhang kann sein, dass Völker mit junger Königin stärker brüten, mehr Winterbienen aufziehen und aufgrund der höheren Reproduktionsrate prozentual weniger mit Milben belastet sind.

Schwacher Bienensitz heißt schlechte Überwinterung

Ein schwaches Bienenvolk überwintert schlechter als ein starkes. Studien zeigen, dass ein Bienenvolk, das im Oktober mindestens 5.000 Bienen stark ist, in der Regel ohne Probleme überwintert. Bei Völkern, die nur halb so stark sind, also nur rund 2.500 Bienen zählen, ist hingegen jedes zweite Volk als Winterverlust zu beklagen.

Die zahlenmäßige Stärke von Bienenvölkern können Sie ganz einfach ermitteln. Rechnen Sie bei den gängigen Wabenmaßen Deutsch-Normalmaß, Zander und Langstroth mit rund 1000 Bienen pro besetzter Wabengasse. Ein zur Überwinterung anstehendes Volk sollte daher fünf Wabengassen besetzen.

Wenn Sie bei einem Bienenvolk im Herbst feststellen,
- dass die Oberträger sehr stark belagert werden,
- kaum Bienen zwischen den Waben sitzen und
- viele Bienen im Boden eine Traube bilden,

sollte dies ein Alarmzeichen für Sie sein. Möglicherweise haben die Bienen einen ungeeigneten Wintersitz. Gelegentlich und bei später Einfütterung kommt es nämlich vor, dass die Bienen jede freie Zelle

> **Gut zu wissen**
>
> Gehen Sie bei überfütterten Völkern wie folgt vor: Warten Sie einen kühlen Herbsttag ab. Weil die Bienen ungern auf dem kalten Honig sitzen, sondern sich lieber gegenseitig wärmen, ziehen sie sich davon zurück. Prüfen Sie, ob die Insekten die Oberträger sehr stark besetzen oder nach unten in den Boden durchhängen. Fegen Sie die Bienen vorsichtig zur Seite und schauen Sie nach, ob sich zwischen den Waben, also in den Wabengassen, Bienen befinden. Sind die Gassen leer, dann entnehmen Sie eine oder zwei Futterwaben aus der Mitte der Beute. Ersetzen Sie diese durch nur zur Hälfte gefüllte Waben. Sie schaffen so Platz für die Winterkugel. Fegen Sie die Bienen dann in die Gassen. Das ist ein schwerer Eingriff zu einer Zeit, in der Sie die Bienen eigentlich besser in Ruhe lassen sollten. Machen Sie sich aber bewusst, dass Sie womöglich vielen Bienen das Leben gerettet haben. Andernfalls würden sie die erste längere Frostperiode nicht überleben.

mit Honig füllen und dann gezwungen sind, auf vollen Honigwaben zu überwintern. Stellt man sich die Beute als Wohnung vor, dann brauchen die Tiere nicht nur volle Vorratskammern, sondern auch Räume, in denen Sie sich aufhalten können. Sie dürfen keinesfalls dazu gezwungen sein, auf verdeckelten Honigwaben zu sitzen. Bienen nutzen die Wärmespeicherfähigkeit des Wachses von leeren Waben, um den Kern der Bienentraube gleichmäßig mit Wärme zu versorgen. Geht diese Funktion eines natürlichen Kachelofens verloren, überleben die Tiere den Winter nicht.

Im nassen Grab: Todesursache Feuchtigkeit

Eingegangene Völker schillern mitunter in allen Farben des Waldes. Eine grüne, braune und graue pelzige Schicht überzieht die toten Bienen, das Wabenmaterial, die Pollenvorräte und das Beuteninnere. Alles ist mit einer Schicht aus Schimmelpilzen bedeckt. Kein Zweifel: Hier hat übermäßige Feuchtigkeit an der Vernichtung der Kolonie mitgewirkt. So sehr ein brütendes Bienenvolk Wasser braucht, so schädlich ist ein Zuviel davon. Oft liegt der Fehler an einer weitestgehenden Abdichtung des Bienenvolkes. Über der Wintertraube verhindert eine wasserdichte Plastikfolie und unter der Bienentraube ein geschlossener Boden, dass Wasserdampf entweichen kann. Kondenswasser sammelt sich auf den Waben und unter der Folie. Es tropft auf die Bienen. Diese sterben und beginnen zu verschimmeln.

Daher ist für eine gesunde Überwinterung der Abzug des Wasserdampfes im Winter wichtig. Dazu gibt es verschiedene Möglichkeiten:

- Manche Beuten haben ein vergittertes Lüftungsloch am Innendeckel. Im Spätherbst wird die Folie über den Oberträgern entfernt. Der Innendeckel wird aufgelegt. Der darübergestülpte Außendeckel aus Blech sitzt etwas lockerer auf dem Innendeckel, sodass sich ein schmaler Spalt bildet. Durch diesen zieht der Wasserdampf ab.
- Fehlt ein Deckelflugloch, so kann die Abdeckfolie an einer Ecke der Beute circa fünf Zentimeter zurückgeschlagen werden. Dann wird der Innendeckel aufgelegt. Weil die Folie eine Lücke hat, kann der Wasserdampf entweichen.
- Imker mit Warré-Beuten mit ihren winzigen Zargen verzichten ganz auf eine Folie. Sie spannen ein Stück Rupfen (Sackleinen) über die Unterseite einer Zarge und tackern dieses fest. Dann setzen Sie diese auf die oberste Zarge der Beute und füllen die Zarge mit trockenem Stroh oder mit Heu aus. Dann wird der Deckel aufgesetzt. Das Stroh isoliert die Beute nach oben und bindet die aus dem Volk entweichende Feuchtigkeit. Sie kann dann durch den locker aufliegenden Deckel entweichen. Das Verfahren können Sie natürlich auch bei anderen Zargenformaten nutzen.

Ein trockener Wintersitz ist eine Maßnahme, für die Sie als Imker aktiv sorgen können.

Verhungerte Bienen sargen sich ein

Für Zyniker hat der Hungertod noch etwas Ästhetisches an sich: Die toten Bienen sind alle exakt nach oben ausgerichtet und hängen in zwei bis drei Schichten dachziegelartig übereinander. Sie fühlen sich weich an und lassen sich mit dem Finger abstreifen. Dabei fallen sie wie die von einer Rebe abgestreiften Beeren einzeln ab. Zuunterst kommt eine Schicht Bienen zum Vorschein, die kopfüber in den Zellen steckt. Sie strecken dem entsetzen Imker das Hinterteil entgegen. Solche Bienen sind verhungert und werden als „Sargbienen" bezeichnet.

Der Hungertod kann mehrere Ursachen haben. Nur einen Teil davon hat der Imker zu verantworten, wenn nämlich beim teuren Winterfutter gespart wurde. In anderen Fällen haben die Bienen den Kontakt zum reichlich vorhandenen Winterfutter verloren. „Futterabriss" lautet dann die Diagnose. Das passiert so: Ziehen sich die Bienen aufgrund eines Kälteeinbruchs in ihrer Kugel eng zusammen, zehren die Bienen am Rande der Winterkugel von ihren Futtervorräten. Sinkt die Temperatur, schrumpft die Kugel. Der Abstand zum Futter vergrößert sich. Das ist besonders dann der Fall, wenn bereits ein kleines Brutnest von den Bienen angelegt wurde. Sie wärmen die Brut zwar effektiv, doch sie können dem Futter nicht mehr nachrücken und verhungern deshalb. Gewöhnlich geschieht dies vom Imker unbemerkt. Damit die Bienen nicht verhungern, muss der Boden offen sein, sodass die Bienen kalt sitzen und nicht frühzeitig in Brut gehen. Ist dies im Vorfrühling geschehen, dann legen viele Imker im Februar oder Anfang März ein Wärmebrett oder einen Schieber ein. Von dieser Einlage erhoffen sie sich eine bessere Frühjahrsentwicklung. Ob diese Maßnahme den Futterabriss verhindern kann, ist jedoch umstritten.

Eines jedoch ist klar: Die Vorräte müssen ausreichend bemessen sein. Während Sie die Menge des Futters ganz einfach durch Abwiegen bestimmen können, ist die Qualitätsprüfung des Winterfutters nicht so einfach. Das kann dazu führen, dass der Imker bei der Gewichtsprüfung glaubt, dass die Bienen aufgrund der Schwere der Beute bestens versorgt sind. Drinnen jedoch herrscht die allergrößte Not, weil das Winterfutter verzuckert ist.

Solches kristallisiertes Futter erzeugt die sogenannte Durstnot. Die Bienen brauchen Wasser, um die Zuckerkristalle auflösen zu können. Bei kaltem Wetter verlassen sie aber die Winterkugel nicht, geschweige denn die Beute, um das Nass zu besorgen.

Verzuckerte Waben

Schon im Herbst können Sie verzuckerte Waben entdecken. Sie erkennen diese daran, dass sich die Zellendeckel nur schwer eindrücken lassen und dann kein Honig oder Futter herausfließt. Solche Waben brauchen Sie nicht zu entsorgen. Nehmen Sie diese aus Ihren Völkern und bewahren Sie sie für das Frühjahr auf. Dann entdeckeln Sie die Waben und tauchen diese entweder in eine Wanne mit Wasser oder besprühen sie kräftig mit Wasser. Die Bienen sind jetzt in der Lage, die Waben auszufressen und das so gewonnene Futter zu verwerten.

> **Tipp**
> Verhungerte Bienen auf auskristallisierten Waben erkennen Sie daran, dass viele Zellendeckel aufgebissen sind und zahllose Zuckerkrümel auf der Winterwindel liegen.

Gut zu wissen

Um gesund zu bleiben, brauchen Bienen eine ganze Bandbreite von Nektar- und Pollenquellen. Eine einseitige oder mangelhafte Ernährung wirkt sich belastend auf das Immunsystem der Bienen aus.

Verzuckerte Waben sind entweder auf einen ungeeigneten Futtersirup oder auf eine Meliszitose-Tracht zurückzuführen. Meliszitose ist ein Zucker, den Bienen im Wald von Blattläusen sammeln, die Lärchen parasitieren. Aber auch jede andere Waldtracht hat für die Überwinterung ihre Tücken. Honig auf der Basis von Honigtau enthält viele Mineralstoffe, welche den Darm der Bienen belasten und zu Durchfall führen.

Wenn auf Frost der Tod folgt

Bienen sind wärmeliebende Tiere. Sie überstehen milde Winter besser als kalte. Ist der Winter anhaltend frostig, verliert eine Kolonie deutlich mehr Bienen als in einem milden Winter. Daher sind besonders schwache Einheiten, die im Oktober weniger als fünf Waben besetzen, Todeskandidaten in kalten Wintern.

Eine Langzeitstudie an der Universität Hohenheim mit 2.000 Bienenvölkern hat gezeigt, dass bei einer winterlichen Durchschnittstemperatur von 0 °C die Auswinterungsstärke im März bei 65 % bis 70 % der Oktober/November-Stärke liegt. Liegt die Durchschnittstemperatur über 4 °C, haben die Völker sogar eine Auswinterungsstärke von über 90 %. Dabei entscheidet besonders die Temperatur im Februar über die Auswinterungsstärke, denn die Bienen, die im März gezählt werden, sind im Februar noch im Ei- oder Larvenstadium. Entfällt dieses aufgrund eisiger Temperaturen, fehlen im März die Bienen.

Dabei ist es ganz normal, dass während der gesamten kalten Jahreszeit Bienen abgehen. Oft findet der Imker im Schnee einzelne klamme oder tote Bienen liegen und bedauert ihren Verlust. Daher verkleinern wohlmeinende Imker das Flugloch im Winter bis auf einen kleinen Spalt von circa vier Zentimeter. Sie wollen damit die Bienen am Ausflug hindern. Das ist nicht nur unnötig, sondern sogar schädlich! Das Bienenvolk dünstet im Winter Wasserdampf aus. Ist das Flugloch klein und hat die Beute womöglich keinen offenen Gitterboden, gefriert der Wasserdampf am Flugloch, sodass es ganz zufrieren kann. Die Bienen sind dann eingesperrt.

Retten Sie Ihre Bienen

Stellen Sie fest, dass ein Flugloch zugefroren ist, müssen Sie die Bienen aus ihrem eisigen Gefängnis befreien. Erhitzen Sie dazu einen Stockmeißel oder einen Schraubendreher beispielsweise über einer Gasflamme und schmelzen Sie damit den Ausgang auf. Räumen Sie vorsichtig die hinter dem geöffneten Flugloch liegenden Bienen aus.

Dachüberstand

Es gibt auch Imker, die das Flugloch mit einem circa 10 × 15 Zentimeter messenden Brettchen abdecken. Es wird wie ein Vordach über einem Hauseingang angebracht. Die Bienen können ausfliegen und von unten in das Flugloch krabbeln. Die Konstruktion dient als Sonnenblende. Sie soll verhindern, dass Bienen durch Sonnenschein, der durch das Flugloch in die Beute dringt, herausgelockt werden. Auch diese Methode ist veraltet. Sie stammt aus der Zeit, in der noch mit Strohkörben geimkert wurde. Bei diesen Bienenwohnungen befindet sich das Flugloch oft in Höhe des Bienensitzes, sodass tatsächlich Bienen durch Sonnenschein ins kalte Freie gelockt wurden. Bei den heute gebräuchlichen Beuten ist das Flugloch hingegen im Boden untergebracht, das heißt der Winterbienensitz ist stets in völliger Dunkelheit.

Pflanzenschutzmittel: Zu Tode gespritzt

Für das Bienensterben werden häufig Pflanzenschutzmittel (PSM) verantwortlich gemacht. Für viele Imker sind sie die Hauptursache, dass die Bienen nicht durch den Winter kommen. Sie erzeugen den politischen Druck, der dafür notwendig ist, dass mit Hinweis auf den Bienentod bestimmte Wirkstoffgruppen in einzelnen Ländern der Europäischen Union oder europaweit verboten werden.

Tatsächlich ist ein Zusammenhang zwischen dem Einsatz von PSM und Überwinterungsverlusten keinesfalls eindeutig. Das legen Untersuchungen des Bienenbrots nahe. Es wird von den Bienen als Futter für Arbeiterinnen und Larven gesammelt. Es besteht aus Pollen, körpereigenen Fermenten und Propolis. Darüber hinaus finden sich auch Rückstände aus PSM und Medikamenten im Bienenbrot.

Gut zu wissen

Bienen, die im Winter ihr Lebensende nahen fühlen, verlassen aus eigenem Antrieb die Wintertraube und fliegen durch das Flugloch ins Freie. Auch Bienen, die in absoluter Dunkelheit, beispielsweise in Kellern überwintern, verlassen die Beute. Daher sind alle Versuche, die Bienen durch das Verkleinern des Fluglochs oder durch Blenden am Verlassen der Beute zu hindern, überflüssig. Die toten Bienen liegen dann am Boden der Beute und müssen vom Imker entsorgt werden.

Nach Ergebnissen des DiBiMos sind die häufigsten in Bienenbrot vorkommenden Wirkstoffe:
- Coumaphos aus Varroabehandlungsmitteln
- Boscalid, ein im Winterrapsanbau weit verbreitetes Fungizid, und
- Terbuthylazin, ein im Maisanbau eingesetztes Herbizid.

Das DeBiMo hat bisher keinen Zusammenhang zwischen Überwinterungsverlusten und erhöhten Konzentrationen dieser und anderer Pflanzenschutzmittel nachweisen können. Das bedeutet: Bienenvölker, deren Bienenbrot mit PSM kontaminiert war, überwinterten nicht schlechter als Bienenvölker, in deren Bienenbrot nichts gefunden wurde. Dies gilt übrigens auch für die in letzter Zeit stark in die Diskussion geratenen und ab 2014 vorerst verbotenen Neonicotinoide. Allerdings vertreten die Autoren des DeBiMo-Berichts die Ansicht, dass Pestizide generell eine schädigende Wirkung auf Honigbienen haben, weswegen gezielte Experimente nötig sind, um vertiefte Einsichten zwischen dem winterlichen Bienensterben und PSM zu bekommen.

- So erkranken beispielsweise Bienen, die durch subletale Effekte von Pflanzenschutzmitteln geschädigt sind, leichter an Nosemose. Diese ist eine der häufigsten und im Winter oft tödlich verlaufenden Krankheiten bei erwachsenen Honigbienen. Die typischen Kotspritzer finden sich häufig bei eingegangenen Bienenvölkern auf den Waben.
- Nachgewiesen ist beispielsweise auch, dass Neonicotinoide die Orientierung der Flugbienen im Gelände behindern. Die Bienen gehen mit höherer Wahrscheinlichkeit bei ihren Ausflügen verloren und finden nicht mehr zum Bienenstand zurück. Das wirkt sich auf die Stärke des Bienenvolkes aus und kann somit auf die für die Überwinterung wichtige Volkstärke einer Kolonie Einfluss haben.

Das unterstreicht einmal mehr die vielfache Verflechtung der einzelnen Gründe, warum Bienenvölker den Winter nicht überleben.

Veränderungen im Leben der Imker

Wenn darüber debattiert wird, warum in Deutschland die Bienenhaltung in den vergangenen Jahren rückläufig war, geraten selten bis nie kulturelle, ökonomische oder psychosoziale Gründe in den Blick. Dabei sind die Zahlen eindeutig: In schlechten Zeiten imkerten mehr Menschen als in Zeiten des allgemeinen Wohlstands. So waren 1922, also nach dem 1. Weltkrieg, 238.500 Imker im Deutschen Imkerbund organisiert. Nach dem 2. Weltkrieg waren es auf dem Gebiet der alten

Bundesrepublik immerhin noch 182.000 (1951). Innerhalb der folgenden 20 Jahre verlor die Imkerorganisation in der Bundesrepublik einen Großteil ihrer Mitglieder, nämlich über 100.000 Bienenhalter. 1972 blieben gerade 80.400 Imker übrig. Mit den Bienenzüchtern verschwanden auch die von ihnen betreuten Bienenvölker. Dieses lautlose Verschwinden der Bienenvölker lief parallel zum ökonomischen Aufschwung aus der ärmlichen Nachkriegszeit in die Zeit der Vollbeschäftigung. Das heißt: Ändern sich die Lebensumstände für den Bienenhalter, hat das auch Auswirkungen auf die Überlebenschancen seiner Bienenvölker.

Was sonst noch diskutiert wird

Da sich das Bienensterben im Winter im Verborgenen vollzieht und Imker im Frühjahr Völker abräumen müssen, die im Herbst scheinbar noch kerngesund waren, kursieren noch einige weitere Erklärungsversuche in der interessierten Öffentlichkeit. Genannt werden beispielsweise Elektrosmog, geheime Wetterexperimente („Chemtrails"), Sonnenflecken und gentechnisch veränderte Pflanzen. Verfechter dieser Theorien kommen überwiegend aus den sogenannten Grenzwissenschaften und stehen mitunter esoterischen Verschwörungstheorien nahe. Sie liefern keine seriösen Erklärungsansätze für das Bienensterben im Winter.

Geringere Sterblichkeit

Die Autoren der DeBiMo-Studie haben zusammenfassend folgenden Tipp für jeden Imker: „Eine wirksame Behandlung von Varroa destructor ist die beste Lebensversicherung, die man für ein Honigbienenvolk abschließen kann. Außerdem erhöhen sich die Überlebenschancen der Bienenvölker, wenn sie als starke Völker mit einer jungen Königin an der Spitze eingewintert werden. Wenn man diese Ratschläge beherzigt, bekommt man zwar keine unsterbliche Honigbienenvölker, aber die Wintersterblichkeit der Bienenvölker wird auf jeden Fall zurückgehen."

Bausteine einer erfolgreichen Überwinterung

Im letzten Kapitel haben Sie erfahren, welche Ursachen für den winterlichen Bienentod bekannt sind oder zumindest vermutet werden. In diesem Abschnitt erfahren Sie im Umkehrschluss, welche Bedingungen für eine erfolgreiche Überwinterung notwendig sind.

Dabei hat sich die Art, wie wir Bienen heute halten, in den vergangen Jahren rapide geändert. Das hängt nicht nur mit neuen Beutentypen und der Ausbreitung der Varroamilbe zusammen. Bienenhaltung erfordert eine Vielzahl verschiedener Arbeitsschritte.

Gesund Überwintern

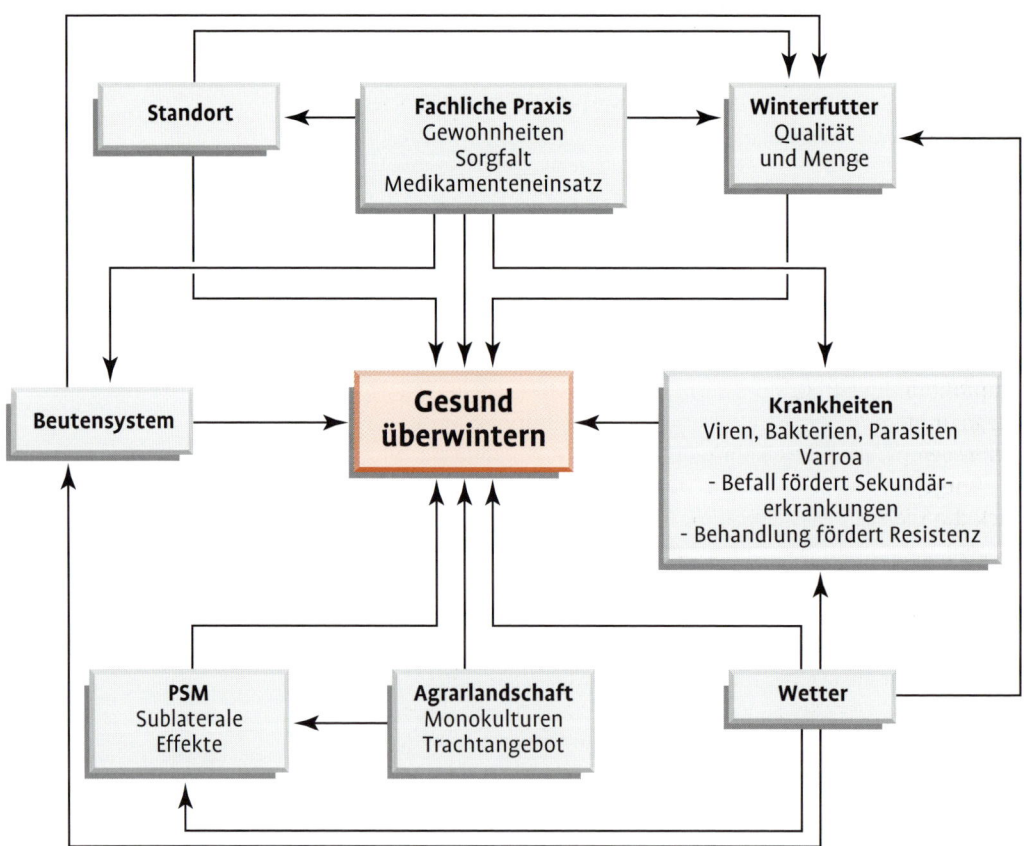

Diese hängen außerdem von der Saison, vom Entwicklungsstand des Bienenvolkes, dem verwendeten Futtermittel, dem Varroenbefall und auch von der verwendeten Rasse ab. Als verantwortungsbewusster Imker ist es Ihre Aufgabe, das ganze Jahr über den Bienen das zu geben, was diese an Platz, Mittelwänden, Futter und imkerlichen Eingriffen brauchen, eventuell inklusive einer neuen Königin. Erfolgreich überwintern Sie Bienen nur, wenn Sie die speziellen Bedürfnisse jedes einzelnen Bienenvolkes erkennen.

Die erfolgreiche Überwinterung ist das Ergebnis verschiedener Bausteine. Sie stehen untereinander in Beziehung und bilden ein komplexes Gefüge.

Finden Sie eine wintergerechte Wohnung

Über wenig können sich Imker so kontrovers austauschen wie über die richtige Wohnung für ihre Bienen. Die Insekten hingegen sind weit weniger wählerisch. Das DeBiMo erbrachte keinen Hinweis, dass Bienen in Holz besser oder schlechter überwintern als in Styroporbeuten. Sie überwintern in beiden Beutenmaterialen zwar jeweils anders aber gleichermaßen gut.

Holz oder Styropor?

Holz ist ein seit Jahrhunderten bewährtes Baumaterial für Bienenwohnungen. Es ist in einer Vielzahl von Formen erhalten. In unseren Breiten kommt vor allem Nadelholz von Fichten oder Kiefern zum Einsatz. Dabei wird vor allem das astlose Holz der Weymouthskiefer empfohlen. Es gilt als besonders leicht und daher geeigneter für die Magazinimkerei. Allerdings kann es im Winter feuchtigkeitsempfindlicher sein, weshalb es imprägniert werden sollte.

Entgegen einer weit verbreiteten Ansicht ist es unerheblich, wie dick die Wände der Beute sind. Gekaufte Holzbeuten haben in der Regel eine Wandstärke von 20 Millimeter. Viele Erwerbsimker nutzen selbst zusammengebaute Beuten mit einer Wandstärke von 24 bis 26 Millimeter. Diese Beuten sind etwas schwerer als die dünnwandigen Beuten. Sie sind robuster und daher für den gewerblichen Einsatz besser geeignet. Dickwandigere Beuten kühlen bei geschlossenem Boden etwas weniger schnell aus. Aber auch das hat keinen Einfluss auf die Überwinterung. Schon in den alten Imkerbüchern über die Korbimkerei ist zu lesen, dass die Innenseite des Korbes mit Eiskristallen überzogen war, das Volk aber warm und kompakt in seiner Traube saß. Für die Überwinterung der Völker in den offenen Böden

> **Tipp**
> Holz lässt sich leichter desinfizieren. Styropor hält wärmer.

heutiger Magazinimker gibt es keinen Unterschied zwischen dünn- und dickwandigen Beuten.

Holz ist robust und leicht zu reparieren. Es lässt sich nach dem Abräumen überwinterter Bienen leichter desinfizieren als Styroporbeuten. Holzbeuten werden ausgeflammt, was Styroporbeuten überhaupt nicht vertragen.

Für Styroporbeuten spricht der wesentlich geringere Futterverbrauch. Die Temperatur in der Winterkugel ist gleichmäßiger verteilt und im Kugelinneren weniger hoch als in einer Holzbeute. Die Bienen heizen also weniger. Daraus erklärt sich der geringere Futterverbrauch. Bei gleicher Fütterungsmenge haben die Bienen im Frühjahr Kälteeinbrüchen besser geschützt. Sie haben mehr, wovon sie zehren können und sind weniger gefährdet, noch in den letzten Wochen vor dem großen Blühen zu verhungern. Im Unterschied zu Holzbeuten, die innen unbehandelt sind, saugen sie sich nicht mit Wasser voll. Sie sind daher doppelt leicht, vom Material her und weil sie kein Wasser speichern. Die Bienenvölker überleben den Winter in Styroporbeuten zahlenmäßig stärker als in Holzbeuten.

Bei Außentemperaturen von −2 °C bis +6 °C beträgt der Temperaturunterschied zwischen Styropor- und Holzbeuten +4 °C bis knapp +10 °C (Lampeitl, S. 29). Das heißt, dass sich in Styroporbeuten die Wintertraube schneller auflöst. Bei Temperaturstürzen sinkt außerdem die Innentemperatur in Holzbeuten schneller ab als in solchen aus Kunststoff. Völker in Holzbeuten entwickeln sich also im Frühjahr verzögert. Sie holen diesen Rückstand jedoch ab Tagestemperaturen von +15 °C bis +20 °C auf.

Offener oder geschlossener Boden?

Heute werden Bienen gewöhnlich mit einem offenen Gitterboden überwintert. Drei Vorteile sprechen dafür: Weniger Schimmel und Varroamilben sowie vitalere Winterbienen.

Der offene Boden bekommt den Bienen gut. Dafür sprechen mehrere Gründe:

- Die Bienen sitzen enger. Dabei hat es bei einem Blick unter die Folie den Anschein, als seien die Einheiten kleiner als bei Völkern über geschlossenen Böden.
- Die Völker starten nach kalten Wintern im Frühjahr mit weniger Varroamilben. Aufgrund des kalten Sitzes ist die Brutpause nämlich länger. Damit fehlt der Milbe die Möglichkeiten zur Vermehrung.

> **Gut zu wissen**
>
> Die kalte Überwinterung mit einem offenen Boden erhöht den Futterverbrauch um 15 % gegenüber Völkern mit geschlossenem Boden. Mehr Futter bedeutet mehr Kot. Daher kommt es bei dieser Betriebsweise darauf an, dass Sie die Bienen nur mit Futter bester Qualität auffüttern.

- Es werden bessere Winterbienen herangezogen. In einer Beute mit einem geschlossenen Boden brüten die Bienen länger. Das geht indes zu Lasten der Winterbienen, die dadurch gezwungen werden, Ammenaufgaben bei der Brut zu übernehmen. Sie verausgaben sich folglich schon im Herbst und vielen von ihnen „geht die Puste bis zum kommenden Frühjahr aus".
- Durch die bessere Belüftung des Beuteninneren schimmeln die Randwaben deutlich weniger als bei einem geschlossenen Boden. Das Wasser, welches die Bienen reichlich durch ihren Stoffwechsel produzieren, verflüchtigt sich durch den Boden statt als Kondenswasser in der Beute anzufallen.

Allerdings empfehlen viele Imker, den Boden nach dem Reinigungsflug durch eine dicht abschließende Windel oder durch eine in den Boden gelegte Sperrholzplatte gegen die mitunter raue Frühjahrswitterung abzudichten. Dieses sogenannte „Wärmebrett" verhindert, dass kurzfristige Temperaturschwankungen unmittelbar auf das Bienenvolk wirken. Es entwickelt sich dadurch besser. Steigende Temperaturen regen die Bienen zum Brüten an (mehr dazu in Kapitel Reinigungsflug, S. 89).

Denken Sie ganzjährig an die Überwinterungsphase

Die erfolgreiche Überwinterung von Bienenvölkern ist eine Ganzjahresaufgabe für die gute imkerliche Praxis. Wie bereits im vorherigen Kapitel gezeigt, gibt es Gründe für das Bienensterben im Winter, für die der Imker verantwortlich ist. Sie reichen von der Wahl des geeigneten Winterfutters über die Varroastrategie bis hin zu den sozialen Verhältnissen und emotionalen Zuständen, in denen sich der Imker oder die Imkerin befindet.

Schicken Sie Ihre Bienen gut genährt in den Winter

Beginnen Sie erst mit der Einfütterung, wenn Sie keine Tracht mehr erwarten. Ein guter Zeitpunkt ist Ende Juli bis Anfang September. Werden die Bienen sofort nach der Sommertracht aufgefüttert, sind die Bienenvölker noch sehr stark in Brut. Die Brutnester sind großflächig. Bienen, die nun gefüttert werden, sammelten die Vorräte am Rand dieses Riesenbrutnestes. Bis zum Winter schrumpft das Brutnest immer mehr. Die Bienen tragen aber nur einen Teil ihrer Vorräte in die Nähe des kleiner werdenden Brutnestes um. In langen und sehr kalten Wintern kann das zum Problem werden. Futterabriss! Obwohl die Futtervorräte so nahe sind, rücken sie für die Insekten in die Ferne. Die Bienen verhungern auf leer gefressenen Zellen, statt den Futtervorräten nachzurücken.

Sinnvoll ist eine Pause von rund zwei Wochen zwischen Honigernte und Fütterung. Diese ergibt sich in den meisten Fällen automatisch, denn nach der Honigernte und der damit verbundenen Arbeitsspitze haben die meisten Imker zunächst gar nicht die nötige Zeit für die Fütterung. Außerdem behandeln sie nach der Ernte zeitnah gegen die Varroamilbe. So vergehen die zwei Wochen wie von selbst.

Die erste Futtergabe

Warten Sie mit den ersten Futtergaben nach der Ernte keinesfalls mehr als vier Wochen, Die Bienen gewöhnen sich nämlich daran, wenn „Schmalhans Küchenmeister" ist. Wird ihnen dann üppig Bienenfutter angeboten, verschmähen sie die Gabe und gehen mit mangelhaften Futtervorräten in den Winter. Mit der Schwarmintelligenz ist es in diesem Fall nicht so weit her.

Sie können das Futter auf einmal oder in kleinen Portionen geben. Bei kleineren Völkern und an Standorten mit einer anhaltenden Läppertracht beispielsweise aus Gartenstauden, Leguminosen, Goldruten oder Gelbsenf ist es sinnvoll, die Auffütterung über einen Zeitraum von sechs bis acht Wochen hinzuziehen. Dabei dürfen die Bienen nie hungern. Am besten kommen die Völker durch den Winter, die gut eingefüttert wurden. Sie müssen dann im Frühjahr nicht nach irgendwelchen Futterecken auf den Waben suchen, sondern können aus dem Vollen schöpfen. Lange Winter, wie der Märzwinter in 2013, führen häufig zu einem Futternotstand. Füttern Sie dann mit Zuckerwasser 1:1 oder mit Honig nach. Solche Völker sind zwar oft schwach in der Frühtracht, doch bis zum Sommer haben sie sich erholt.

Der Futterbedarf

Der Futterbedarf ist je nach Region sehr unterschiedlich. Er hängt wesentlich davon ab, wann das Frühjahr für gewöhnlich einsetzt. Ist dies erst im Mai der Fall, brauchen die Bienen mehr Vorräte als in Regionen, in denen sie sich ab Anfang April auch schon aus der Natur versorgen können. In den meisten Fällen reichen 15 bis 20 Kilogramm aufgelöster Zucker, Zuckerteig oder Flüssigfutter aus. Damit sind die Bienen bis zum großen Reinigungsflug im Februar versorgt. Stellen Sie fest, dass Futter fehlt und bleibt die Temperatur warm, können Sie unterversorgte Bienenvölker mit einer Notfütterung retten. Um zu erkennen, ob sie notwendig ist, müssen Sie unbedingt die Futtervorräte prüfen. Sonst besteht die Gefahr, dass Ihre Bienen noch auf der Zielgeraden kurz vor dem großen Blühen „schlapp machen".

Tipp
Generell ist es besser, bei der Einfütterung nicht zu sparsam zu sein. Den Überschuss entnehmen Sie vor der Obstblüte. Verwahren Sie diese Waben gut und geben Sie sie Ihren Jungvölkern im Juni als Notreserve mit in die Zargen.

Was Ihren Bienen als Winterfutter schmeckt

Als Winterfutter stehen Ihnen klassische Zucker-Raffinade ebenso zur Verfügung wie Zuckerteig und Futtersirupe. Letztere lassen sich in Sirupe auf Zucker- und auf Stärkebasis unterscheiden. Zuletzt können Sie Ihre Bienen auch auf Honig einfüttern.

- **Zucker:** Auf Zucker überwintern Bienen sehr gut. Dabei gibt es jedoch einige Punkte zu beachten: Rühren Sie die Lösung immer kurz vor der Einfütterung an. Besonders bei warmem Wetter ist Zuckerwasser nicht lange haltbar und verdirbt. Es wird dann von den Bienen nicht mehr angenommen. Rühren Sie die Lösung nicht zu dünn an. Bewährt hat es sich, den Zucker im Verhältnis 3:2 bis 1:1 mit Wasser zu vermischen. Je mehr Wasser die Lösung enthält, desto mehr müssen die Bienen arbeiten, um die Lösung einzudicken. Größere Mengen Zucker bestellen Sie am besten bei einem Lebensmitteleinzelhändler Ihrer Wahl.
- **Blütenhonig:** In den letzten Jahren wird in Imkerkreisen wieder verstärkt über die Auffütterung mit Honig diskutiert. Honig ist das natürliche Bienenfutter, weshalb er bei „wesensgemäßen" Bienenhaltern hohe Wertschätzung genießt. Im Allgemeinen ist Honig, insbesondere aus dem Sommer, ein ausgezeichnetes Winterfutter, sofern er aus Ihrer Imkerei stammt. Fremden Honig sollten Sie niemals verfüttern, da er möglicherweise Sporen der amerikanischen Faulbrut enthält. Auch gegorenen Honig verwenden Sie besser nicht. Problematisch sind schnell kristallisierende Honige wie beispielsweise Honig aus den Blüten des Frühjahrs (Obst, Raps), aber auch Sonnenblumen- und Phazeliahonig. Kris-

tallisiertes Futter kann im Winter nicht ohne zusätzliches Wasser aufgelöst werden.

- **Futtersirup:** Im Imkereifachhandel werden Futtersirupe auf Stärkebasis angeboten. Versuche haben gezeigt, dass Bienen damit gut überwintern, allerdings gibt es auch immer wieder Berichte vom Gegenteil. Geeignet sind nur Futtersirupe, die als Bienenfutter und nur für diesen Zweck hergestellt wurden. Sirupe, die auch in der Getränkeindustrie verwendet werden, werden von Bienen oft nicht gut vertragen. Der Sirup sollte vor dem Verkauf kühl gelagert worden sein, beispielsweise in einer Halle. Gelegentlich stehen die Container mit dem Sirup den ganzen Sommer über in der prallen Sonne. Dadurch entsteht Hydroxymethylfurfural (HMF). Es entsteht, wenn Fructose erhitzt wird. Kommt dieses Abbauprodukt in höheren Konzentrationen im Futter vor, soll es für Bienen giftig sein, sodass ihre Überwinterungsfähigkeit eingeschränkt ist.

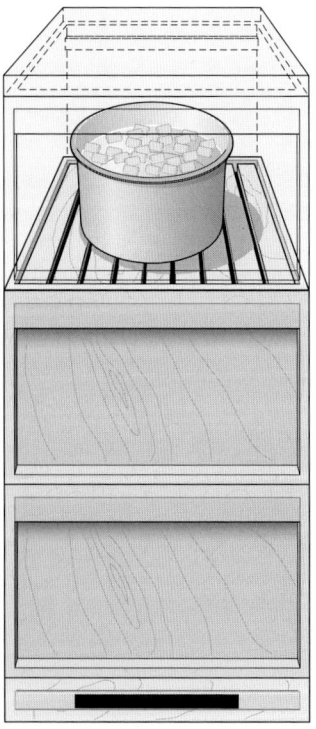
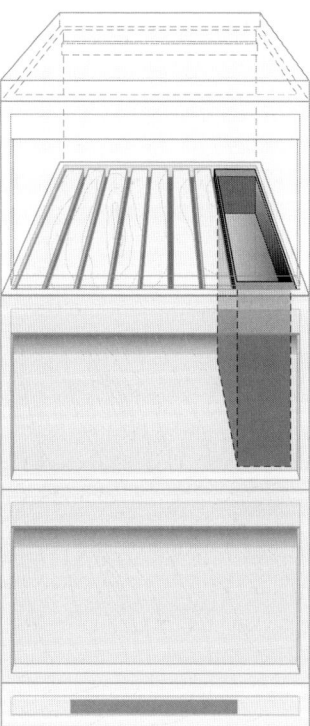
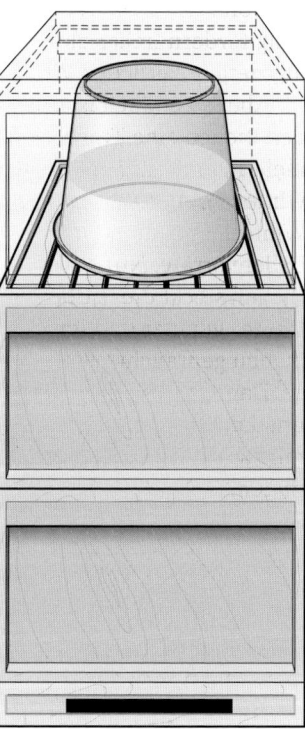

Mit Wannen, Futtertaschen und umgedrehten Futtereimern stehen verschiedene Futtermethoden zur Auswahl.

Verwenden Sie den Sirup niemals über das angegebene Haltbarkeitsdatum hinaus! Auch wenn der Sirup völlig in Ordnung zu sein scheint, kann er im Winter kristallisieren. Die Bienen verhungern dann auf den Waben mit zementhartem Futter.

Gut zu wissen

Achten Sie am Bienenstandort auf eine gute Pollenversorgung

Von der Auffütterung ist die Reizfütterung zu unterscheiden. Während erstere für volle Futterwaben sorgt, werden die Bienen durch die herbstliche Reizung dazu verleitet, noch einmal kräftig in Brut zu gehen. Durch die Gabe dünnen Futters wird ihnen eine Tracht vorgegaukelt. Viel Brut ergibt viele Bienen, dachten die Imker in früheren Zeiten. Heute ist bekannt, dass die Völker vor allem kurzlebige Sommerbienen aufziehen. Das geht zulasten der Aufzucht von Winterbienen, die eigentlich notwendig wären. Diese fehlen im Frühjahr, sodass gereizte Bienenvölker zwar stark einwintern werden, dann aber oft schwach aus der kalten Jahreszeit kommen. Aus dieser Erfahrung fordern Imkerlehrer wie Gerhard Liebig „den Begriff Reizung aus dem imkerlichen Wortschatz zu streichen".

Aber so einfach ist die Sache nicht. Gerade weil die Reizfütterung den Bienen eine Tracht vorspielt, fliegen sie vermehrt aus und sammeln mehr Pollen als ohne Reizfütterung. Für eine erfolgreiche Überwinterung kommt es nämlich auch darauf an, wie gut jede einzelne Winterbiene für die kalte Jahreszeit gerüstet ist. Dafür sorgen die Pollenvorräte. Nur gut genährte Individuen haben eine Chance. Bei Bienen steckt diese Überlebensenergie im Fett-Eiweiß-Polster, das im Winter genutzt und im Frühjahr für die Aufzucht der neuen Sommerbienen gebraucht wird.

Daneben sind über den Winter gerettete Pollenvorräte wichtig, um damit die erste Brut im Frühjahr zu versorgen. Das alles gelingt nur, wenn die Bienen im Spätsommer und Herbst genug Pollen vorfinden.

Pollenversorgung sichern

Nutzen Sie eine dieser beiden Möglichkeiten, um eine gute Pollenversorgung sicher zu stellen:

- Wandern Sie, wie viele Imker, noch einmal im Spätsommer in die Sonnenblumen-, Buchweizen- oder auch Heidetracht. Dabei kommt es nicht nur auf den (oft zu vernachlässigenden) Honigertrag an, sondern auch auf das Pollenangebot, welches die Bienen in diesen Trachten vorfinden und nutzen.
- Entnehmen Sie im Frühjahr und Sommer überschüssige Pollenwaben. Unter günstigen Bedingungen ist trotzdem die Pollenversorgung Ihrer Bienen gesichert. Außerdem blockieren überschüssige Pollenwaben oft das Brutnest. Bestäuben Sie die Pollenwaben dick mit Puderzucker und bewahren Sie diese in Magazinen oder in einem Wabenschrank auf. Sie verhindern so, dass die Pollenwabe von den Wachsmotten oder Pollenmilben geschädigt wird. Wenn Sie mit der Einfütterung der Bienenvölker im Spätherbst beginnen, hängen Sie die Pollenwabe so in die Zarge, dass sie sich später in der Mitte des Futtervorrats (nicht der Wintertraube!) befindet. Die Pollenvorräte werden im Zuge der Einfütterung von den Bienen mit Futter überlagert. Wenn das Volk seine Bruttätigkeit dann wieder beginnt, ist der überlagerte Honig aufgefressen und die Bienen gelangen an die Pollenvorräte.

> **Tipp**
> Eine gute Spätsommerernährung fördert den herbstlichen Bruttrieb, spart Futter und reduziert wirkungsvoll die Gefahr von Räuberei am Stand.

Schwache Jungvölker

Jungvölker, die trotz eines schlechten Futtervorrats kaum oder sehr schlecht Futter annehmen, kommen in der Regel nicht durch den Winter. Sie haben sich bereits selbst aufgegeben. Solche Einheiten sollten Sie noch im Herbst auflösen. Es bringt nichts, diese mit zugehängten Brut- oder Futterwaben aufzupäppeln. Es liegt fast immer an einer schlecht begatteten und daher minderwertigen Königin.

Schützen Sie Ihre Bienen vor Störenfrieden

Im Garten oder am Waldrand aufgestellte Bienenvölker sind für viele Wildtiere so etwas wie gut gefüllte Kühlschränke voller Leckereien. Daher haben es Spechte, Mäuse und Waschbären auf die Bienen und ihre Vorräte abgesehen. Richtige Bären gibt es hierzulande, zum Glück für die Bienen, nicht mehr. So können Sie mit etwas handwerklichem Geschick Ihre Lieblinge gegen die Eindringlinge und Störenfriede schützen.

Spechte verwandeln Beuten in Schweizer Käse

Besonders bei Bienenständen auf dem freien Feld können Grünspechte zu einer Bedrohung für die Winterruhe des Bienenvolkes werden. Der Specht ist keine sofortige Bedrohung wie beispielsweise die Mäuse, die mit hoher Wahrscheinlichkeit zuschlagen, wenn sie nicht am Eindringen gehindert werden. So stehen viele Beuten über Jahrzehnte von Spechten unbehelligt in der Landschaft. Dann aber werden sie von den hungrigen Vögeln als ergiebige Futterquelle entdeckt. Sie kommen meistens nach dem ersten Schneefall, wenn die weiße Decke die Nahrungssuche auf dem Boden erschwert. Mit kräftigen Schnabelhieben hämmern sie Löcher in Holz- und Styroporbeuten. Dabei schlagen die Vögel nicht irgendwo zu. Sie suchen und finden genau den Ort, an dem hinter der Wandung die Wintertraube sitzt. Sie sind klug genug, um nicht das ganze ausgewählte Volk zu zerstören. Sie kommen immer wieder, wenn sie der Hunger plagt. Gerne setzen sie sich auf den Griffleisten nieder und holen mit ihrer spitzen und flinken Zunge Biene um Biene aus dem Loch.

Attacken durch Spechte sind selten tödlich für die betroffenen Bienenvölker. Oft überwintern sie sogar auffällig gut. Das spricht dafür, dass sich die Spechte nur die stärksten Völker aussuchen, um sich den ganzen Winter aus ihnen versorgen zu können. Trotzdem will kein Imker, dass die wertvollen Beuten ruiniert und in „Schweizer Käse" verwandelt werden.

Spechte abwehren

Von den vielen Mitteln, die Imker immer wieder ergreifen, um die Vögel abzuhalten, haben sich viele als wirkungslos gegenüber den schlauen Vögeln erwiesen:
- Attrappen von Raubvögeln beeindrucken vielleicht Saatkrähen, doch Spechte ignorieren sie.
- Ebenso wirkungslos sind an Schnüren aufgehängte, silbrig glänzende CDs und DVDs.
- Auch das Einwickeln der Beuten mit schwarzer Folie, damit sie nicht mehr als Bienenwohnung erkennbar sind, beeindruckt die Insektenfresser nicht.
- Im Wind flatternde Staniolpapierstreifen oder auch Vogelscheuchen verderben dem Specht nicht den Appetit auf Winterbienen.

Was also tun? Am besten Sie umspannen die Magazine mit einem Vogel- oder Fischernetz. Dieses muss sich wie ein Zelt über alle Beuten ausdehnen. Achten Sie darauf, dass das Netz nicht direkt auf den Beuten aufliegt. Der Specht pickt sonst durch dessen Maschen hin-

> **Gut zu wissen**
>
> Gute Ergebnisse wurden auch mit sogenannten Gartentaschen aus Polyethylen erzielt, die es im Gartenfachhandel in den Gartenabteilungen der Baumärkte zu kaufen gibt. Sie sind dazu gedacht, zusammengerechtes Laub zu fassen, um es abzutransportieren. Diese Laubsäcke kosten rund 5 Euro/Stück. Sie lassen sich gut über Beuten stülpen und werden (bisher) nicht von Spechten als Verstecke für Beuten erkannt.

durch. Das Netz sollte am Boden aufliegen, denn es wurden schon Spechte gesichtet, die unter dem Netz hindurchgeschlüpft sind. Nehmen Sie das Netz erst ab, wenn die Natur wieder zu neuem Leben erwacht ist. In der Regel gibt der Specht dann Ruhe. Vergessen Sie aber im kommenden Jahr nicht den Schutz Ihrer Beuten! Spechte haben ein gutes Gedächtnis und schauen im nächsten Winter garantiert wieder vorbei!

Mäuse ziehen in Beute ein

Während Spechte bei Bedarf den Bienen einen Besuch abstatten, ziehen Mäuse gleich in die Bienenwohnung ein. Mit diesem Untermieter im Heim sind die Bienen meistens verloren. Besonders gefährdet sind Bienenvölker, die in Bodennähe, beispielsweise auf Paletten stehen. Dann können die Mäuse quasi ebenerdig in die Beute gelangen. Stehen die Völker hingegen aufgebockt 40 Zentimeter über dem Erdboden, bleiben sie von den Mäusen meistens unbemerkt.

Gegen Mäuse können Sie Ihre Bienen durch einen flachen Fluglochkeil oder durch ein sogenanntes Mäusegitter schützen. Der Fluglochkeil sollte nur einen Schlitz von sechs Millimetern haben. Das reicht, damit Bienen problemlos passieren können. Oft werden jedoch im Handel Keile mit einer Durchgangshöhe von acht Millimetern angeboten. Kleine Spitzmäuse machen sich flach und kriechen trotzdem in die Beute. Außerdem knabbern sich Mäuse einfach das Loch so groß, dass sie problemlos an die leckeren Vorräte gelangen können.

Besser mit Gitter

Einen besseren Schutz bieten Mäusegitter. Diese werden meist in der Mindestmaschengröße von 6 × 6 Millimetern angeboten. Dieses kleinmaschige Gitter behindert jedoch die ausfliegenden Bienen, die

Mäusegitter erhalten Sie bereits fertig zugeschnitten im Imkereifachhandel. Sollten Sie größere Mengen brauchen, erwerben Sie am besten sogenannten Volierendraht im Bedarfshandel für Geflügelhalter und schneiden sich die passenden Streifen mit einer Blechschere zurecht (Bezugsadresse siehe Serviceteil).

besonders bei kühler Witterung große Probleme haben, durch das Gitter zu schlüpfen. Oft findet dann der Imker hinter dem Gitter viele tote Bienen, die nicht herausgekommen sind, und am Gitter außen verkühlte Bienen, die nicht zurückgefunden haben.

Falls Sie sich für die kleine 6 × 6 mm-Maschengröße entscheiden, empfiehlt es sich, den untersten Querdraht so zu entfernen, dass am Flugbrett eine Art Rechen entsteht. Die Bienen krabbeln dann über das Flugbrett leichter ins Freie.

Am besten arbeiten Sie mit einer Maschenbreite von 8 × 8 Millimetern. Mäuse können sich zwar ducken, aber nicht gleichzeitig noch so dünn machen, dass sie durch die Löcher des Gitters passen. Gleichzeitig passieren die Bienen gefahrlos das Gewebe.

Sie können das Drahtgitter entweder vor das Flugloch mit Reiszwecken oder Klammern heften oder so rund biegen, dass Sie es in das Flugloch klemmen können. Die ungebogenen Gitter lassen sich in den wärmeren Jahreszeiten besser verstauen. Die rund gebogenen verhaken sich ständig ineinander und machen das Anbringen der Mäusegitter im kommenden Winter zu einer mühsamen Angelegenheit.

Gut zu wissen

Tipp
8 × 8 Millimeter große Maschen sind ein idealer Schutz.

Waschbären randalieren am Bienenstand

Die Schäden, die an Bienenvölkern durch Waschbären entstehen können, sind durchaus mit denen vergleichbar, die sogenannte Problembären an Bienenständen verursachen. Sie nehmen einen Bienenstand völlig auseinander. Waschbären fressen das komplette Wachs. Um sicher zu gehen, dass Waschbären einen Bienenstand vernichtet haben, empfiehlt es sich nach Kotresten zu suchen. Sie sind mit Wachsbrocken durchsetzt. Haben Waschbären erst einmal einen Bienenstand entdeckt, dann prägen sie ihn sich ein und kommen im nächsten Jahr wieder. Sie treten dabei in ganzen Rudeln von bis zu 25 Tieren auf und richten verheerende Schäden an.

Schutz vor Waschbären

Schutzmaßnahmen vor Waschbärenangriffen brauchen Sie nur dann zu unternehmen, wenn Sie im Jahr zuvor davon betroffen waren. Sie haben dann diese Möglichkeiten:
- Sie verlegen Ihren Bienenstand.
- Sie zäunen den Bienenstand mit einem kräftigen Drahtgitter ein.
- Sie entwerfen eine Anti-Waschbärenstrategie mit dem zuständigen Jagdpächter. Sie kann beispielsweise darin bestehen, dass Lebendfallen im Umkreis des Bienenstandes aufgestellt werden und die darin gefangenen Waschbären anschließend artgerecht vom Bienenstand entfernt werden. Die Jagd mit Fallen ist allerdings sehr zeitaufwendig und arbeitsintensiv. Die Lebendfallen müssen jeden Tag kontrolliert werden. Deshalb dürfte es nicht einfach sein, den Jäger von dieser Maßnahme zu überzeugen.

Lassen Sie die Bienen im Winter in Ruhe!

Zur guten fachlichen Praxis gehört auch, die Bienen nach dem Ende der Tracht so weit wie möglich in Ruhe zu lassen. Ab September/Oktober richten die Bienen ihren Bienensitz ein. Sie nehmen dann nur noch wenig oder gar kein Futter mehr zu sich. Ab jetzt sollten die Bienen so wenig wie möglich gestört werden. Das Bienenvolk schrumpft nun kräftig, das heißt einschneidende Eingriffe werden immer schlechter durch die Bienen ausgeglichen. Bis zu diesem Zeitpunkt sollten alle Arbeiten an den Völkern abgeschlossen sein. Die Bienen bedürfen nun in der Regel keiner imkerlichen Hilfe mehr. Beschränken Sie daher Ihre Kontrollen auf einen Blick von oben auf die Bienen. Die Bienen sollten eine geschlossene Traube bilden. Gelegentlich kommt es aber vor, dass sich das Bienenvolk teilt und ein kleineres Häufchen abseits sitzt. Ziehen Sie die Rähmchen, auf denen es sich befindet, und stoßen Sie die darauf sitzenden Bienen über der Haupttraube ab.

Sind Ihre Bienen fit für den Winter?

Bisher haben Sie die Voraussetzungen dafür geschaffen, dass Ihre Bienen optimal für die kalte Jahreszeit gerüstet sind. Aber es kommt auch auf die Tiere selbst an! Es ist ähnlich wie bei einem Wettkampf. Jedes einzuwinternde Bienenvolk muss auch physisch in der Lage sein, die von ihm erwarteten Leistungen zu bringen.

Gefahren für Bienen

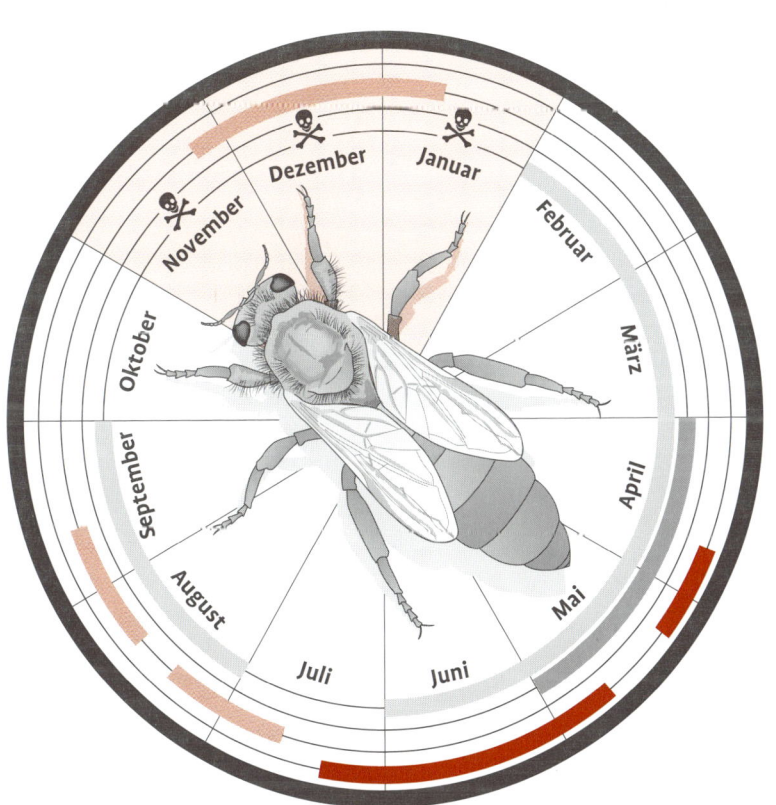

☠ mögliches Massensterben im Bienenstock

**Die wichtigsten Stressfaktoren,
die den Bienen das Jahr hindurch zusetzen können**

- ■ Befall der Bienen / der Brut durch Varroamilben
- ■ Monokulturen auf Feldern / Futterknappheit
- ■ Varroabehandlungen durch den Imker
- ■ Mit Fungiziden belastete Pollen in Obstblüten
- ■ Aufnahme von Nikotinoide auf Feldern und Pflanzen / Schwächung durch Ernährung mit Pollen, die mit Nikotinoiden belastet sind

Wie beim Sport, lautet die Frage: Ist das Bienenvolk stark genug für die vor ihm liegenden Strapazen? Dabei ist der Zusammenhang denkbar einfach: Je stärker ein Volk einwintert, desto stärker wintert es auch wieder aus. In der Regel verliert ein Bienenvolk etwa 30 % seiner Bienen im Winter. Damit es aber überhaupt auswintert, braucht es für die erfolgreiche Überwinterung im Freien am Sommerstand eine Mindeststärke. Das sind fünf mit Bienen besetzte Wabengassen im Spätherbst. Diese ermitteln Sie am besten, wenn die Bienen sich nach einer kühlen Nacht im Oktober oder November schon zu einer Wintertraube zusammengezogen haben. Zählen Sie dann die Wabengassen, in denen mehr als nur einzelne Bienen zu sehen sind. Sind die Völker entmilbt, dann brauchen Sie sich um diese in der Regel keine Sorgen zu machen.

Kleine Völker

Anders sieht es bei Völkern aus, die auf nur drei Wabengassen sitzen. Sie sind unter normalen winterlichen Bedingungen fast nicht oder allenfalls nur in milden Weinbauklimata überwinterbar.

Wenn Sie jetzt solche schwachen Einzelvölker vereinigen, können Sie oft erleben, dass die Bienen mit zwei kleinen Trauben in den Winter gehen. Sie vereinigen sich nicht sofort zu einer großen Kugel, wie vom Imker erhofft. Sie erleichtern die Vereinigung zu einer stärkeren Kugel, wenn sie beide so nah wie möglich zusammenrücken. Nehmen Sie dabei beim Umhängen am besten so viele Rähmchen wie möglich mit einem Griff aus der Beute. Es ist nämlich nicht gut, wenn Sie die Rähmchen so spät im Jahr aus der Verkittung reißen. Völker, die jetzt noch einmal in Aufruhr gebracht werden, überwintern meistens schlechter als solche, die in Ruhe gelassen werden.

Tipp
Vermeiden Sie zuviel Unruhe im späten Bienenjahr.

Ihr Ziel: Gesunde Winterbienen

Möglichst viele gesunde Winterbienen (siehe Kapitel „Ihre Bienen im Winter, S. 55) sind die wichtigste Voraussetzung für eine erfolgreiche Überwinterung Ihrer Bienenvölker. Dieses Ziel erreichen Sie nur, wenn Sie den Kampf gegen die Varroamilbe konsequent betreiben. Äußerlich starke Völker im August und September können so vermilbt sein, dass es für sie unmöglich ist, gesunde Winterbienen groß zu ziehen. Ein integriertes Bekämpfungskonzept betrachtet die Varroabekämpfung als ganzjährige strategische Aufgabe, um gesunde Winterbienen heranzuziehen. Es beginnt mit einer Befallsanalyse, berücksichtigt eine mögliche Reinvasion von Milben und endet mit der Oxalsäurebehandlung im Dezember. Es verbindet verschiedene methodische Ansätze, wie beispielsweise systematisches Drohnenschneiden oder das Fangwabenverfahren mit dem Einsatz von zugelassenen Medikamenten. Wie die konkrete Umsetzung aussehen kann, lesen Sie auf den folgenden Seiten.

Brutentnahme

Eine medikamentöse Behandlung mit jedweder Art von Präparaten ist während der Tracht nicht zulässig. Zu groß ist die Gefahr, dass Wirkstoffe den Honig belasten. Erlaubt sind aber sogenannte „biotechnische Verfahren". Sie beruhen alle darauf, dass Bienenbrut entnommen wird. Da sich die meisten Milben zur Vermehrung in der verdeckelten Brut befinden, entfernen Sie durch die Brutentnahme auch die Milben aus dem Volk.

Ausschneiden der Drohnenbrut

Sehr weit verbreitet ist das Ausschneiden der Drohnenbrut aus dem Baurahmen. Zwei bis drei entnommene Brutrahmen ab Anfang Mai reduzieren die Milbenlast zum Ende der Bienensaison um die Hälfte gegenüber Völkern, bei denen die Rahmen nicht geschnitten wurden. In normal überwinternden Bienenvölkern kann der Baurahmen bereits zur Saalweide ins Volk und dort an den Rand des Brutnestes gehängt werden. Das Bienenvolk baut den Baurahmen dann innerhalb von zwei Tagen aus. Nach acht weiteren Tagen ist die erste Brut auf der Wabe verdeckelt. Warten Sie, bis die ganze Wabe verdeckelt ist und entnehmen Sie den Baurahmen erst dann. Insgesamt haben Sie 24 Tage vom Ei bis zum Drohnenschlupf Zeit. Länger sollten Sie aber nicht warten, denn sonst geht die Milbenvermehrung in eine zweite Runde.

Bildung von Brutablegern

Gekoppelt mit der Vermehrung ist die Bildung von Brutablegern. Hier holen Sie Milben mittels entnommener Brutwaben aus dem Bienenvolk. Bis Mitte Mai können Sie zwei bis drei Brutwaben ohne wesentliche Einbußen bei der Honigernte entnehmen, bis Ende Mai bis zu vier und bis Mitte Juni bis zu fünf Brutwaben. In die Lücken hängen Sie Leerwaben oder Mittelwände. Innerhalb von zwei bis höchstens drei Wochen sind diese wieder mit Brut gefüllt. Auf den entnommenen Brutwaben schlüpfen nun nach und nach die Arbeiterinnen und mit ihnen die Milben. Sobald die Waben brutfrei sind, werden sie mit Milch- oder mit Oxalsäure behandelt.

Fangwabenverfahren

Die radikalste Variante der Brutentnahme ist das Fangwabenverfahren. Während Brutableger vor allem der Vermehrung des Völkerbestandes dienen, zielt das Fangwabenverfahren allein auf die Aufzucht gesunder Winterbienen. Wenn Sie sich für diese Methode entscheiden, dann entnehmen Sie etwa ab Mitte Juni bis Mitte/Ende Juli alle Brut, bis auf eine einzelne Wabe mit offener Brut. Die Methode sollte unbedingt noch während der Volltracht erfolgen, da es bei so einem gravierenden Eingriff sonst schnell zur Räuberei kommt. Von jeder zweiten entnommenen Brutwabe stoßen Sie alle Bienen in die Beute mit der Fangwabe ab. Die Plätze neben der Fangwabe füllen Sie mit Mittelwänden und/oder hellen Leerwaben auf. Die Brutwaben sammeln Sie in einem Sammelbrutableger und lassen die Bienen schlüpfen. Anschließend behandeln Sie die Bienen mit Milch- oder Oxalsäure und bilden Kunstschwärme.

Klassische Brutableger

Alternativ können Sie auch klassische Brutableger bilden. Die einzelne Fangwabe lassen Sie so lange in der Beute, bis die gesamte Wabe verdeckelt ist. Das ist in der Regel nach rund sieben bis 14 Tagen der Fall. Alle Milben, die auf den Bienen gesessen haben, sind nun in der Wabe eingeschlossen. Sie können die Wabe entnehmen und ausschmelzen. Die komplette Brutentnahme wirkt sich nicht negativ auf die Einwinterungsstärke aus. Da das Verfahren dem natürlichen Schwarmverhalten der Königin nachempfunden ist, entwickeln die Bienen eine starke Dynamik, die oft sogar zu stärkeren Bienenvölkern führt als die gängigen Betriebsweisen. Studien haben ergeben, dass das Akute Bienen Paralyse Virus (siehe Kapitel „Reinigungsflug", S. 89) nach dem Fangwabenverfahren kein Thema mehr ist. Die Gefahr durch Reinvasion können Sie so leider auch nicht bannen.

Zählen Sie Milben mit Puderzucker

Die meisten Imker zählen den natürlichen Milbenfall. Dazu wird eine Bodeneinlage unter das Varroagitter des offenen Bodens geschoben. Wöchentlich werden die Milben gezählt und dann errechnet, wie viele Milben pro Tag gefallen sind. Diese Methode ist nur im Winter oder Spätherbst uneingeschränkt zu empfehlen. Für den Sommer gibt es genauere Verfahren, wie beispielsweise das Abschütteln der Milben mit Hilfe von Puderzucker. Dazu warten Sie einen trockenen Tag ab. Alle Arbeitsmaterialien müssen absolut trocken sein.

- Stoßen Sie zunächst eine Brutwabe (ohne Königin) in einen Eimer ab.
- Mit einer kleinen Tasse oder einem Becher und einer Briefwaage messen Sie 50 Gramm Bienen ab.
- Kippen Sie die Bienen in einen verschließbaren Schüttelbecher, dessen Boden Sie durch ein Kunststoffvarroa-Gitter ersetzt haben. Alternativ können Sie auch Armiergewebe aus dem Baumarkt verwenden.
- Geben Sie fünf leicht gehäufte Esslöffel mit trockenem Puderzucker dazu, die Sie zuvor abgemessen haben.

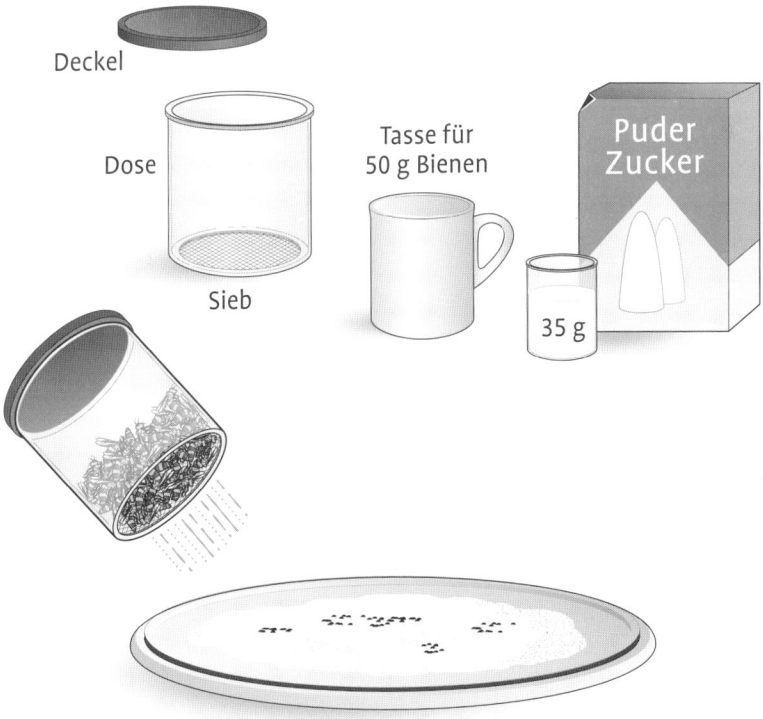

Puderzuckermethode

> **Gut zu wissen**
>
> Die Zahl der Milben je zehn Gramm Bienen spiegelt den genauen prozentualen Milbenbefall wider, denn eine Biene wiegt circa 0,1 Gramm. Fallen also von 50 Gramm Bienen 25 Milben ab, dann liegt der Milbenbefall bei 5 %. Damit ist die Schadschwelle erreicht und das Bienenvolk muss behandelt werden.

- Verschließen Sie die Oberseite des Bechers und drehen Sie ihn. Das Varroagitter ist jetzt oben. Schütteln Sie nun den Becher, sodass alle Bienen mit dem Puderzucker in Kontakt kommen. Lassen Sie den Becher drei Minuten stehen. Die Bienen wühlen sich durch den Zucker und verteilen ihn überall.
- Drehen Sie nun den Becher mit dem Gitter nach unten um. Schütteln Sie ihn kräftig über einem weißen Tuch, einem Küchenkrepp oder über einem weißen Eimerdeckel aus. Der Puderzucker muss aus der Dose rieseln. Fahren Sie damit so lange fort, bis sich kein loser Puderzucker mehr in der Schütteldose befindet. Auf der weißen Unterlage heben sich die abgeschüttelten Milben gut ab.
- Sollten Sie in der Probe mehr als 25 Milben finden, empfiehlt es sich, das betreffende Bienenvolk zügig zu behandeln. Bei Völkern, in denen sich weniger Milben in der Probe befinden, sollten Sie den natürlichen Milbenfall in den kommenden Wochen im Blick behalten. Die Bienen aus der Schütteldose können Sie übrigens bedenkenlos wieder dem Volk zugeben, aus dem Sie die Tiere entnommen haben. Den Puderzucker können Sie wiederverwenden.

Behandlung mit Ameisensäure

Die anerkannt beste Methode, um Bienen nach der letzten Tracht im Sommer zu behandeln, ist die Verwendung von Ameisensäure (60 % ad us. vet.). Sie ist seit 2000 zusammen mit Applikationsgeräten vom Typ des Nassenheider Verdunsters zugelassen.

Ameisensäure kann für Wirtschaftsvölker verwendet werden, die noch über reichlich offene Brut verfügen. Nur die Ameisensäuredämpfe sind in der Lage, die Deckel der Brutwaben zu durchdringen und die auf den Larven und Puppen sitzenden Milben wirkungsvoll abzutöten. Dadurch ist sie besonders gut für die Aufzucht von Win-

> **Tipp**
> Ameisensäure ist auch in der Bio-Imkerei zugelassen.

terbienen geeignet. Ameisensäure ist ein natürlicher Bestandteil des Honigs. Sie ist daher auch in der Bio-Imkerei zugelassen. Außerdem gibt es keine Resistenzen. Wenden Sie die Ameisensäure mit Umsicht, das heißt mit Gummihandschuhen und entsprechend der Gebrauchsanweisung an.

Schließen Sie zunächst den Gitterboden beispielsweise mit dem Schieber oder durch Abdeckung von oben mit einem passend gefalteten Bogen Zeitungspapier.

Befüllen Sie den Verdunster genau nach Anweisung des Herstellers. Jedes Volk braucht die zum Beutentyp passende Menge Ameisensäure. Rechnen Sie bei 10er DNM-Zargen mit 80 ml und bei 10er Zander-Zargen mit 100 ml. Prinzipiell ist es möglich, dass Sie auch mehr Ameisensäure verwenden. Der Tank für den Nassenheider Verdunster fasst 200 ml. Doch bei einer Wirksamkeit von über 90 % ist es nicht notwendig, die Bienenvölker länger als nötig mit Ameisensäure zu bedampfen.

Verwenden Sie nur tiefgekühlte Ameisensäure. So vermeiden Sie einen Säureschock. Die Bienen können sich an die für sie unangenehmen Dämpfe gewöhnen, weil mit der Erwärmung der Säure die Verdampfung langsam und gleichmäßig ansteigt.

Der Verdunster wird mit verschieden großen Dochten ausgeliefert. Wählen Sie die für die Außentemperatur und für das Volumen passende Größe. Informationen dazu finden Sie in der Gebrauchsanleitung des Verdunsters.

Die unterschiedlichen Verdunster

Der Nassenheider Verdunster wird in einer vertikalen Version und mehreren horizontalen Versionen angeboten. Den vertikalen Verdunster („Classic®") hängen Sie an den Rand des Brutnests, idealerweise dort, wo sich während der Saison der Baurahmen befindet. Der Verdunster soll so nah wie möglich an das Brutnest gerückt werden, jedoch nicht unmittelbar daneben, da sonst die Brut dort erheblich geschädigt wird. Bei zweiräumigen Völkern werden die Verdunster (wie die Baurahmen) diagonal vom Brutnest angebracht, also beispielsweise unten links vom Brutnest und oben rechts davon.

Eine Weiterentwicklung des vertikalen Verdunsters ist der Nassenheider Verdunster Professional®. Bei diesem wird die Flüssigkeit über einen Docht auf ein horizontal auf den Rähmchenoberleisten liegendes Tuch geleitet. Um ihn anwenden zu können, brauchen Sie eine Leerzarge oder eine umgedrehte Futterzarge, die Sie über den Verdunster stülpen können.

Alternativen

Daneben gibt es verschiedene andere Möglichkeiten, mit der Sie Ameisensäure im Volk verdunsten können. Dazu gehört beispielsweise die Schwammtuchmethode oder ein Verfahren, bei der die Säure aus einer Medizinflasche auf ein Papierküchentuch tropft. Diese stammen aus Zeiten, als es den Nassenheider Verdunster nicht gab. Eine weitere Möglichkeit ist der sogenannte Liebig-Dispenser®. Er gleicht einer vereinfachten Version des Nassenheider Professional®. Gemeinsam ist diesen Methoden, dass sie keine Zulassung besitzen. Allerdings wird deren Einsatz von der Veterinärüberwachung in der Praxis bisher nicht beanstandet.

Varroa sicher erkennen durch Auswaschen

Vor der zweiten Behandlung, die bei den meisten Imkern nach der Einfütterung ansteht, empfiehlt es sich, sich einen erneuten Überblick über die Belastung Ihrer Bienen mit Milben zu verschaffen.

Alternativ zur Puderzuckermethode können Sie auch eine Probe von Bienen auswaschen. Das Verfahren ist sehr zuverlässig und wird daher besonders von den bienenwissenschaftlichen Instituten angewandt. Während die Puderzucker-Methode jederzeit genutzt werden kann, ist die Auswasch-Methode erst ab Juli gebräuchlich. Selbstverständlich gibt Sie Ihnen aber auch sonst im Jahr einen zuverlässigen Überblick über den Varroa-Status Ihrer Bienenvölker.

Gehen Sie dabei wie folgt vor:
- Stoßen Sie Bienen von einer Brutwabe in einen Eimer oder Hobbock ab. Entnehmen Sie anschließend mit einer Tasse rund 30 bis 50 Gramm Bienen. Das sind rund 500 Bienen. Dazu eignet sich sehr gut ein Messbecher. Ist dieser mit 100 ml Bienen gefüllt, entspricht das der für die Auswaschmethode nötigen Menge. Kippen Sie die Bienen in ein Schraubglas. Bewährt haben sich Gurken-

Gut zu wissen

Seit 2014 ist mit dem Produkt „Mite Away Quick Strips®", kurz „MAQS", ein Ameisensäure-Präparat auf dem Markt, das laut Zulassung sogar zwischen den Trachten genutzt werden darf. Es besteht aus Futterteigstreifen, die mit Ameisensäure versetzt sind. Es ist besonders für Wanderimker von Interesse, die mit einer Zwischenbehandlung ihre Völker stärken möchten. Das Produkt wird von der Firma Andermatt Biovet in Lörrach vertrieben (siehe Service-Teil).

gläser. Nehmen Sie mehrere Proben, so markieren Sie die Gläser mit einem Aufkleber und der Nummer des Bienenvolkes, das Sie untersuchen.
- Anschließend müssen die Bienen abgetötet werden. Dazu können Sie die Bienen in den Gefrierschrank legen. Bestimmen Sie dann das Gewicht der Bienen mit einer Feinwaage, die auf 0,1 Gramm genau misst.
- Waschen Sie dann die Bienen. Dazu füllen Sie das Gurkenglas mit Wasser, dem zwei Tropfen Spülmittel beigemischt wurden. Schütteln Sie das Glas und halten Sie dabei die Löcher im Blechdeckel des Glases mit den Fingern zu. Dann lassen Sie das Bienen-Wasser-Gemisch eine Viertelstunde lang stehen.
- Dann nehmen Sie ein Honig-Doppelsieb. In das untere Sieb legen Sie ein Honigseihtuch und setzen das grobe Sieb auf. Dann kippen Sie die Bienen-Wasser-Mischung in das Sieb und brausen die Bienen ab. Dabei trennen sich die Milben von den Bienen. Die Milben werden durch das grobe Sieb gespült und bleiben im Honigseihtuch hängen.

Nun können Sie die Milben auszählen. Die Formel für die Berechnung des Milbenbefalls lautet:

Milben/Bienen $\times$ 100 = Milbenbefall in Prozent

Rechenbeispiel: Ihre Probe hat 45,2 Gramm gewogen. Das sind 452 Bienen. Sie haben 15 Milben ausgezählt. Das ergibt einen Befall von $15/452 \times 100 = 3{,}3\,\%$.

Die Schadschwelle bei der Auswaschmethode beträgt im Juli 2 %. Sie sollten also bei nächster Gelegenheit, das heißt innerhalb der kommenden zwei bis drei Wochen eine Varroa-Behandlung durchführen. Liegt der Befall bei 5 % ist jedes weitere Warten unverantwortlich. Sie sollten Ihre Bienen schnellstens gegen Milben behandeln!

Tipp
Bienen verbrausen in geschlossenen Gefäßen sehr schnell. Stoßen Sie daher in den Blechdeckel des Gurkenglases mit einem Nagel mehrere kleine Löcher.

Erst füttern, dann erneut behandeln

Durch das Fangwabenverfahren können Sie in der Regel auf die erste Ameisensäurebehandlung verzichten. Imker, die noch späte Trachten wie beispielsweise die Heide nutzen, bleibt in der Regel gar nichts anderes übrig, als auf die erste Behandlung zu verzichten. Sie behandeln ihre Bienenvölker erst, wenn die standimkernden Kollegen bereits die zweite Behandlung planen.

Da zu diesem Zeitpunkt die Bienenvölker immer noch in Brut sind, müssen Sie wieder zur Ameisensäure greifen. Eine späte Behandlung kann nur dann ihre volle Wirkung entfallen, wenn Sie die Außentemperaturen bei der Behandlung im Blick behalten. Bei Temperaturen unter 15 °C wirkt der Nassenheider Classic® in Kombination mit der zugelassenen 60 %igen Ameisensäure nur noch ungenügend. Wählen Sie dann ein von oben wirkendes Verdunstermodell, beispielsweise den Nassenheider Professional®. Es wird in einer Leerzarge direkt über den Bienensitz platziert. Sie erhöhen die Wirksamkeit zusätzlich, indem Sie über den Verdunster eine Folie legen und mit der aufgesetzten Leerzarge auf der Zarge mit der Brut festklemmen.

Beobachten Sie zusätzlich zur Temperatur auch die Menge der Ameisensäure, die pro Tag verdunstet! Ameisensäure, die nicht verdunstet, bindet Feuchtigkeit aus der Luft. So kann es vorkommen, dass die Flüssigkeitsmenge im Verdunster statt abzunehmen sogar immer mehr wird.

> **Tipp**
> Ameisensäure wirkt im Warmbau besser, weil sie nicht so schnell durchs Flugloch abfließt wie bei Waben, die im Kaltbau stehen.

Behalten Sie den Milbenfall im Blick

Verlassen Sie sich nicht darauf, dass die Bienen nach der Ameisensäurebehandlung im Herbst milbenfrei in den Winter gehen. Gerade im Herbst kann die 60 %ige Ameisensäure bei kühler Witterung nicht ihre volle Wirksamkeit entfalten. Brechen dann noch in der Nachbarschaft Ihres Bienenstandes Völker an Varrose zusammen, dann landen die Milben durch Reinvasion in Ihren vermeintlich milbenarmen Bienenvölkern. Dann war die Herbstbehandlung umsonst und eine Winterbehandlung ist auf jeden Fall empfehlenswert.

Doch ermitteln Sie zuvor, wie stark der Befall Ihrer Bienen mit Milben ist. Bei den heute gebräuchlichen Magazinbeuten gibt es dazu meistens einen offenen Gitterboden und eine Vorrichtung, in die eine Windel eingeschoben werden kann. So ist es relativ einfach, den natürlichen Milbenbefall zu diagnostizieren. Während es sich im Sommer nicht empfiehlt, die Windel mehr als drei Tage am Ort zu lassen, können Sie die Platte ab Mitte November zehn oder 14 Tage eingeschoben lassen. Im Sommer kommen nämlich oft Ameisen und schleppen die Parasiten weg, sodass ein verfälschtes Bild über den Milbenbefall eines Bienenvolkes entstehen kann. Das passiert Ihnen im Winter nicht mehr. Dann befinden sich nämlich auch die Ameisen in einer Winterruhe. Fällt im Durchschnitt mehr als eine Milbe in zwei Tagen, ist eine Behandlung mit Milchsäure, mit einem Oxalsäurepräparat oder mit Perizin® ratsam.

Winterbehandlung: Milbenfrei ins neue Jahr

Gegen die letzten Milben, die bei der Herbstbehandlung nicht getötet wurden sowie gegen Milben, die im Zuge einer Reinvasion wieder Ihren Bienen nach dem Leben trachten, hilft nur eine Winterbehandlung. Dazu müssen die Bienenvölker jedoch brutfrei sein. Gibt es aber

Grundsätzlich sollten Sie die Störung Ihrer Bienenvölker im Winter so gering wie möglich halten. Da es immer die stärksten Völker sind, die zuerst in Brut gehen, reicht es völlig, das stärkste Volk eines Bienenstandes auf Brutfreiheit zu kontrollieren. Finden Sie dort ein Brutnest vor, können Sie davon ausgehen, dass auch andere Bienen noch oder bereits wieder brüten. Dann ist es besser, wenn Sie die Varroabehandlung vorerst verschieben.

Gut zu wissen

noch geschlossene Brutzellendeckel, befinden sich darunter die meisten Milben, die im Volk leben. Eine Behandlung wäre wirkungslos. Ob Bienenvölker auch im November und Dezember noch brüten, hängt allein von den dann vorherrschenden Temperaturen ab. Eine Frostperiode bis Ende November stellt in der Regel sicher, dass zur Wintersonnenwende am 21. Dezember alle Brut geschlüpft ist. Die zwei Wochen davor und danach sind die besten für die Winterbehandlung geeignet. Ein sehr milder Winter mit Tagestemperaturen zwischen 2 °C und 10 °C Grad sorgt dafür, dass die Bienen kontinuierlich weiter brüten. In milden Regionen wie beispielsweise im Rheinland kommt es regelmäßig vor, dass die Bienen sehr lange in Brut sind. Eine Winterbehandlung scheitert dann immer wieder an der notwendigen Brutfreiheit.

Träufeln mit Oxalsäure

Am gebräuchlichsten sind Oxalsäurepräparate. Am weitesten ist die Träufelmethode verbreitet. Sie ist zugelassen. Gegenüber anderen nicht zugelassenen Methoden wie beispielsweise dem Verdampfen oder Versprühen von Oxalsäure, geht das Träufeln sehr schnell, sodass Sie Ihre Bienen zügig behandeln können. Sie verhindern Wärmeverluste bei den Bienen und auch Sie selbst müssen nicht länger als nötig draußen frieren. Geträufelte Oxalsäure wirkt am besten bei einer Temperatur von -5 °C. Die Bienen sitzen dann sehr eng und haben ausreichend Körperkontakt, sodass sich das Präparat gut in der Winterkugel verteilt. Ableger und schwächere Völker erhalten 30 Milliliter, normale Wirtschaftsvölker 50 Milliliter pro Einheit verabreicht. Träufeln Sie die Lösung nur direkt auf die in den Wabengassen sitzenden Bienen. In leere Gassen getröpfelt, ist sie wirkungslos.

Überwintern Sie Ihre Bienen auf zwei Zargen, dann nehmen Sie zunächst die obere Zarge ab und stellen diese zur Seite. Behandeln Sie die Bienen in der unteren Zarge. In der Regel haben Sie die Winterkugel am „Äquator" in der Mitte geteilt. Die Säure gelangt so ins Herz der Traube. Dann setzen Sie obere Zarge auf, entfernen Deckel und Folie und träufeln die Lösung von oben in die Gassen.

Schieben Sie nach der Behandlung die Windel wieder ein und kontrollieren Sie nach zehn Tagen den Erfolg der Behandlung. Fallen bei manchen Völkern besonders viele Milben, sollten Sie diese markieren und im kommenden Frühjahr beobachten. Zeigen Sie weiterhin einen erhöhten Besatz mit Milben, dann schneiden Sie so früh wie möglich die erste Drohnenbrut aus.

Wiederholen Sie auf keinen Fall die Oxalsäurebehandlung, denn die Bienen reagieren sehr empfindlich auf eine Überdosis mit Übersäuerung und einem erhöhten Totenfall.

Oxalsäure wird von den Bienen am schnellsten in der Winterkugel verteilt, wenn Sie mit warmer Lösung arbeiten. Setzen Sie sie mit heißem Leitungswasser an und bringen Sie sie in einer Thermoskanne an den Bienenstand. Am besten nutzen Sie eine Kanne mit einem Glaskolben. Sogenannte Edelstahlkannen werden innen oft von der Oxalsäure so sehr angegriffen, dass sich die Lösung grau färbt.

> **Tipp**
> Behandeln Sie nur einmal pro Winter mit Oxalsäure. Eine Wiederholung führt zu Todesfällen.

Präparate

Aktuell stehen zwei zugelassene Präparate auf Oxalsäurebasis zur Verfügung. Es sind dies Oxuvar® des Herstellers Andermatt Biovett und eine Oxalsäuredihydrat-Lösung aus dem Serumwerk Bernburg. Mischen und wenden Sie das Präparat jeweils so an, wie es in der beiliegenden Anleitung steht.

Zugelassene Oxalsäurepräparate erhalten Sie über einen Tierarzt oder in der Apotheke. Oft sind in der Apotheke aber Mindestmengen abzunehmen. Am besten schließen Sie sich dazu mit anderen Imkern aus Ihrem Verein zusammen.

> **Tipp**
> Im Imkereifachhandel erhalten Sie in der Regel nur kristalline Oxalsäure.

Selbst gemacht

Seit es zugelassene Oxalsäure-Präparate gibt, gehört das Selbstmischen der Vergangenheit an. Dabei wurden für ein Liter Lösung zunächst 35 Gramm Oxalsäuredihydrat-Pulver mit einer Briefwage abgewogen und beispielsweise in eine Milchflasche geschüttet. Anschließend wurden 200 Gramm Zucker abgewogen und dazugekippt. Dann wurde die Flasche randvoll mit warmen Wasser aufgefüllt und mit einem Deckel geschlossen. Durch das kräftige Schütteln der Flasche lösten sich Zucker und Oxalsäure auf. Weil kristalline Oxalsäure sehr giftig ist, sind die neuen Fertigpräparate zu begrüßen. Als Imker sind Sie wie jeder Tierhalter dazu verpflichtet, die Behandlung Ihrer Tiere mit Arzneimitteln in einem Bestandsbuch zu notieren.

Bestandsbuch

Seit dem 24. September 2001 ist jeder Tierhalter dazu verpflichtet, ein Bestandsbuch zu führen. Das gilt auch für Sie als Imker. Darin notieren Sie unverzüglich jede Anwendung von apothekenpflichtigen und verschreibungspflichtigen Arzneimitteln. Rechtsgrundlage sind die „Verordnung über Nachweispflichten der Tierhalter für Arzneimittel, die zur Anwendung bei Tieren bestimmt sind" (Bundesgesetzblatt Jahrgang 2006 Teil I Nr. 66, S. 3450, Art. 2 vom 20. Dezember 2006) und die „Änderung der Verordnung über tierärztliche Hausapotheken" vom 20. Dezember 2006 (BGBl I S. 3450).

Die Eintragungen in das Bestandsbuch soll von Ihnen unverzüglich nach dem Einsatz der Medikamente erfolgen. Es muss fünf Jahre aufbewahrt werden. Die örtlichen Veterinärämter können das Bestandsbuch jederzeit kontrollieren.

Tipp
Das Bestandsbuch muss stets griffbereit sein und ist sogar bei Wanderung von Ihnen mitzunehmen!

Behandlungsnachweis

Bestandsbuch über die Anwendung von Arzneimitteln bei Bienen								
Tierhalter:							Seite:	
Standort der Bienen A:							Reg.-Nr.:	
Standort der Bienen B:							TSK-Nr.:	

Anzahl Bienenvölker oder Identität (Nr.) der Völker	Standort der Bienen zum Zeitpunkt der Behandlung	Arzneimittelbezeichnung Nr. des Abgabebelegs GRZ/39 (21.06.2012)	verabreichte Arzneimittelmenge je Volk und Art der Verabreichung	Behandlungsdaten jeweilige Behandlungsergebnisse		Wartezeit in Tagen	Name der anwendenden Person
				Datum	Ergebnis		

Der Umgang mit der Oxalsäurelösung ist weiterhin gefährlich. Arbeiten Sie nie ohne Schutzbrille, Atemschutz und Handschuhe. Auch das Umbinden einer Schürze kann nicht schaden. Kennzeichnen Sie die Flasche mit der fertigen Lösung und verhindern Sie so Missgriffe.

Wintern Sie auch Ihren Wabenbestand richtig ein

Parallel zur Einwinterung Ihrer Bienenvölker empfiehlt es sich auch, die Wabenvorräte winterfest zu machen. Dazu sortieren Sie alle dunklen, verbauten oder beschädigten Waben aus. Diese werden eingeschmolzen, die Rähmchen desinfiziert, eventuell neu gedrahtet und mit frischen Mittelwänden versehen.

Alle übrigen Waben, die Sie im kommenden Jahr im Honigraum oder zur Erweiterung benutzen wollen, müssen motten- und mäusefest gelagert werden. Viele Imker lagern nur unbebrütete Waben ein. Der Vorteil: Die Motten finden schwierige Lebensbedingungen vor, denn die Raupen der kleinen, nachtaktiven Schmetterlinge ernähren sich von Pollen und von den Nymphenhäutchen der geschlüpften Bienen.

Checkliste:
Sind meine Bienen fit für die Überwinterung?

Auch die Bienen brauchen ihre Ruhe – und Sie Zeit für die Verarbeitung und den Verkauf Ihres Honigs. Daher empfiehlt es sich, dass die Bienen ab dem Spätherbst in Ruhe gelassen werden. Mit dieser Checkliste prüfen Sie, ob Sie guten Gewissens sagen können, dass alles was zu erledigen war, getan ist.

- Die Völker mit unbefriedigenden Königinnen wurden umgeweiselt.
- Die Völker haben nach Trachtende zwei Varroabehandlungen erhalten.
- Dunkle, verbaute oder aus anderen Gründen auszutauschende Waben wurden gewechselt oder so an den Rand gerückt, dass Sie spätestens im Frühjahr entnommen werden können.
- Das Bienenvolk besetzt mindestens fünf Waben.
- Die Futtervorräte sind ausreichend.

> **Zugluft hilft**
>
> Mottenfrei und ohne Chemie überwintern Sie Ihre Wabenvorräte durch Zugluft. Stellen Sie die Zargen dazu auf einen offenen Gitterboden und decken Sie den Stapel auch oben mit einem Gitter ab. Den ganzen Stapel bauen Sie am besten auf einer Palette auf. So entsteht ein Kamineffekt im Zargenstapel, den die Mottenlarven gar nicht mögen. Achten Sie darauf, dass es durch das Gitter nicht oben in den Turm regnet, indem Sie den Stapel überdachen.

Andere Imker wintern auch dunkle Waben ein, um sie im kommenden Jahr im Honigraum zu benutzen. Der Vorteil: Dunkle, das heißt schon einmal bebrütete Waben sind deutlich stabiler als unbebrütete. Daher sind sie für Wanderungen hervorragend geeignet und sie zerbrechen nicht in der Schleuder.

Werden honigfeuchte Waben gelagert, ziehen die Honigreste Luftfeuchtigkeit an und gehen in Gärung über. Im Wabenlager liegt dann ein leicht säuerlicher Duft in der Luft. Dagegen hilft nur, die Waben von den Bienen auslecken zu lassen. Die früher übliche Praxis, sie frei am Bienenstand aufzustellen und sie von den Flugbienen leerräumen zu lassen, ist nicht mehr zulässig. Ein solches Verfahren fördert die Räuberei am Stand und kann zur Verbreitung von Faulbrut führen.

> **Tipp**
> Bei der Einwinterung sollten die Völker so aussehen wie gute Völker, bevor im Mai der Honigraum aufgesetzt wird.

Lassen Sie die Bienen arbeiten

Bewährt hat sich die Methode, die Honigräume über abgeernteten Völker zu stellen und die Arbeit von den Stockbienen erledigen zu lassen. Stapeln Sie aber nicht einfach die Zargen mit den leergeschleuderten Waben auf die Braträume, sonst säubern die Bienen nur einen Teil der Waben. Außerdem werden Sie bei jedem Versuch, die Zargen abzunehmen, die Honigräume voller Bienen finden. Sie sind dann noch einmal dazu gezwungen, jede Wabe mühsam abzufegen. Das ist fast so arbeitsintensiv wie eine zweite Honigernte. Gehen Sie daher besser wie folgt vor:
- Nehmen Sie den Deckel eines abgeernteten Volkes ab. Ziehen Sie die Folie zurück, sodass ein kleiner Spalt entsteht. Alternativ können Sie eine Ecke der Folie zurückschlagen. Sie können auch eine Futterzarge aufsetzen und den Aufstiegskanal so öffnen, dass die Bienen nach oben krabbeln können.
- Dann setzen Sie die Zarge mit den auszuleckenden Honigwaben auf. Sie können bis zu zwei Zargen über die Folie stapeln. Die

Bienen putzen die Waben sauber aus und lagern die Honigreste brutnestnah ein oder verfüttern diese an die noch reichlich vorhandene Brut.
- Nach zwei Tagen entnehmen Sie die Waben, am besten während der Dämmerung. Dann haben alle Bienen die Honigräume wieder verlassen. Sie vermeiden so, die Waben alle abfegen zu müssen.
- Die Honigwaben behandeln Sie anschließend gegen Wachsmotten, indem Sie Schwefelschnitten abbrennen, Essigsäure verdunsten oder mit Bacillus Thuringiensis (BT)-Präparaten besprühen. Bei Waben, die erst nach der Spättracht abgeschleudert werden, können Sie sich diese Arbeit sparen, wenn Sie die Waben in Zargenstapeln im Freien lagern. Die kühle Temperatur verhindert, dass sich die Motten entwickeln können. Außerdem tötet der erste Frost die Motten in allen Entwicklungsstadien ab, sodass Ihre Wabenvorräte bis zum Aufsetzen der Honigräume im Mai und Juni mottenfrei bleiben.

Durch die genannten Maßnahmen haben Sie die Voraussetzungen dafür geschaffen, dass es Ihre Bienen durch den Winter schaffen. Sie sind gut gerüstet für die kalte Jahreszeit. Sie sind ausreichend mit bekömmlichen Vorräten aufgefüttert, die ihren Darm nicht belasten. Sie sind von Varroen befreit, sitzen auf mindestens fünf Waben und können ungestört dem kommenden Frühjahr entgegendämmern.

Ihre Bienen im Winter

Wer im Winter vorsichtig den Deckel hebt und unter die Folie schaut, der merkt: Draußen ist die Natur zur Ruhe gekommen, doch drinnen ist es lebendig. Wenn die Außentemperaturen unter 7 °C sinken, ziehen sich die Bienen zur Wintertraube zusammen. Diese hat ihren Sitz dort im Wabenwerk, wo die letzte Brut geschlüpft ist. Ringsherum befinden sich die Honigvorräte. Die ersten Wintervorräte haben die Bienen dabei am oberen Rande dieses Brutnestes gesammelt. Danach wurden die Waben links und rechts mit Futter gefüllt. Diesem Weg des Futters werden die Bienen nun in den kommenden Wochen und Monaten folgen.

Winterbienen – die Überlebenskünstler

Mit der Sommersonnenwende stellen sich die Bienenvölker auf die kalte Jahreszeit ein. Ein neuer Typ Arbeiterin bildet sich heraus: Ihre einzige Aufgabe ist es, das Bienenvolk durch die kalte Jahreszeit zu bringen. Für ihr Entstehen ist ein ganzes Bündel von Ursachen verantwortlich: abnehmende Tageslänge, ausreichende Futtervorräte, gute Legetätigkeit der Königin und niedrigere Temperaturen. Winterbienen unterscheiden sich biologisch von den Sommerbienen durch einen geringeren Anteil des Juvenilhormons in der Hämolymphe und sozial, indem sie sich nicht am Brutgeschäft beteiligen. Sie fressen sich ein Fett-Eiweiß-Polster an. Damit dies gelingt, dürfen die Winterbienen zuvor nicht von Varroamilben befallen worden sein. Sie sollten ausgeruht in den Winter gegangen und nicht mit Brutpflege beschäftigt gewesen sein. Das verhindern Sie, indem Sie auf eine Herbstreizung verzichten.

Gut zu wissen

Winterbienen werden zwischen August und Oktober geboren. Sie überwintern das Volk und erleben den folgenden März oder April. Es gibt mehrere Generationen Sommerbienen, aber nur eine Generation Winterbienen. Das macht die Aufzucht von gesunden Winterbienen so wichtig für das Überleben des Bienenvolkes.

Winterbienen fördern

Als Imker haben Sie es in der Hand, die Bildung von Winterbienen zu fördern und so dafür zu sorgen, dass Ihre Bienenvölker mit vielen Winterbienen in die kalte Jahreszeit gehen. Das können Sie tun:

- Geben Sie Ihren Bienen reichlich Platz. Wirtschaftsvölker sollten mit mehr als einer Zarge für die Brut in den Winter gehen können.
- Überlassen Sie Ihren Bienen reichlich Futter. Ernten Sie die Einheiten nicht völlig ab und/oder sorgen Sie für ein Trachtfließband bis September.
- Füttern Sie in Trachtpausen, sodass Ihre Bienen beschäftigt bleiben.
- Behandeln Sie kurz und gründlich gegen die Varroamilbe mit Ameisensäure. Mehrere Stoßbehandlungen mit Ameisensäure sind besser für die Aufzucht von Winterbienen als Langzeitbehandlungen. Umnebelt von Ameisensäureschwaden schränkt die Königin ihre Bruttätigkeit ein.

Neben den Winterbienen werden weiterhin Sommerbienen aufgezogen. Sie übernehmen die im Stock nötigen Arbeiten und sorgen beispielsweise für den Futternachschub. Ihr Anteil an den neu geschlüpften Bienen nimmt immer mehr zugunsten der Winterbienen ab.

Außentemperatur und Winterkugel

Bienen sind wärmeliebende Tiere. Sinkt jahreszeitlich bedingt die Außentemperatur unter 14 °C, dann heizen die Bienen. Sie bilden zunächst eine Traube und bei einem weiteren Temperaturrückgang formieren sie sich zu einer Kugel. Die Bienen ganz außen an der Kugel halten 10 °C Wärme, in der Kugel sind es 20 bis 30 °C. Je kälter es wird, desto mehr rücken die Bienen zusammen. Der Grund dafür ist, dass eine Kugel mit einer großen Oberfläche schwerer zu heizen ist als eine Kugel mit geringer Oberfläche. Das zeigt folgendes Rechenbeispiel: Hat die Kugel zum Winteranfang einen Durchmesser von 20 Zentimetern, beträgt deren Oberfläche 1256 cm². Rücken die Bienen enger aneinander und hat die Kugel dann nur noch zehn Zentimeter Durchmesser, dann ist die Oberfläche 314 cm² groß. Das ist nur noch ein Viertel der doppelt so großen Kugel.

Die Bienen weichen im Winter der Kälte aus. Ist die Wärmequelle auch noch so klein, ziehen sie sich bevorzugt in dieser Richtung zusammen. Ausgehend vom Bienensitz auf dem Brutnest ziehen sich schwächere Völker gerne in einer isolierten Ecke der Beute zusammen. Alle Bienen orientieren sich in Richtung des gut isolierten Deckels und fliehen so vor der Kälte, die von unten durch den Boden oder durch das Flugloch eindringt.

> **Tipp**
> Die Bienen suchen Wärme: Sie ziehen sich in der Nähe einer Wärmequelle zusammen.

Der Aufbau der Kugel

Die Winterkugel ist in mehreren Schichten aufgebaut. Dadurch entstehen, wie bei einer Zwiebel, mehrere wärmende Schalen an Hüllbienen. Die einzelnen Insekten sitzen wie Dachschindeln übereinander. Der Kopf ist nach oben ausgerichtet, der Hinterleib nach unten. Die Bienen haben ihren Kopf in das Innere der wärmeren Traube gesteckt, während der Hinterleib nach außen zeigt. Dieser kühlt bis auf 9 °C ab. Der Kopf und die Brust sind mit 14 °C deutlich wärmer. Um nicht zu verklammen, wechseln sie regelmäßig mit Bienen aus dem Inneren der Kugel die Plätze.

Innerhalb der Kugel finden die Bienen, was sie im Winter suchen: Wärme und Nahrung. Die Bienen erzeugen Wärme durch Muskelzittern. Bei großer Kälte unter -20 °C kann die Differenz zur Temperatur im Inneren der Bienenkugel über 50 °C betragen. Dabei gilt: Je kälter das Wetter, desto mehr heizen die Bienen dagegen an. Die meiste Zeit beträgt die Temperatur im Inneren des Bienensitzes 15 °C bis 30 °C. Am angenehmsten für die Bienen ist eine Außentemperatur von 2 bis 6 Wärmegraden.

Die Winterkugel lebt

Das sieht auch der ungeübte Imker, denn die Bienen, die außen auf der Traube sitzen, zittern. Sie wackeln sacht mit ihren Flügeln. Früher war die Ansicht verbreitet, dass die Hüllbienen durch das Zittern Muskelwärme produzieren. Wir Menschen reiben uns ja auch bei Kälte die Hände. Inzwischen ist bekannt, dass dies nur zum Teil stimmt. Das Zittern dient auch dem Luftaustausch. Dass die Bienen mit ihren kleinen Flügeln viel Wind erzeugen können, demonstrieren sie im Sommer eindrucksvoll, wenn sie sterzeln. Die fächelnden Bienen an der Außenhülle der Wintertraube sorgen durch das Flügelschlagen dafür, dass die Feuchtigkeit aus der Bienentraube abtransportiert und frische Luft nachströmen kann. Sie sind also so etwas wie die Belüftungsanlage des Bienenstocks.

Futterverbrauch und Temperatur

Den Brennstoff für die Wärme in der Winterkugel liefert das Futter. Dabei ist das Heizverhalten der Bienen viel komplizierter, als wir dies aus unseren eigenen Wohnungen kennen. Mit dem Heizbedarf steigt nicht etwa der Futterverbrauch. Am geringsten ist er bei +6 °C bis -6 °C. Bienenvölker, die warm, das heißt beispielsweise in Kellern oder eingepackt überwintert werden, brauchen weniger Futter als solche, die sommers wie winters am gleichen Stand stehen. Vergleichbares gilt für gut isolierte Bienenwohnungen im Unterschied zu schlecht isolierten. Bienen in Styroporbeuten verbrauchen weniger Heizstoff als solche in Holzmagazinen. Imker mit schlecht isolierten Beuten müssen bis zur doppelten Menge Winterfutter geben, um ihre Tiere gut über den Winter zu bekommen.

Starke Völker brauchen mehr Futter als schwächere. Das hängt nicht in erster Linie mit dem größeren Appetit von mehr Individuen zusammen.

Starke Völker gehen vielmehr früher in Brut. Nach der Wintersonnenwende beginnt die Königin ein Brutnest anzulegen. Je wärmer es draußen wird, desto größer wird dieses. Die junge Brut will gewärmt und genährt werden. Daher nimmt mit steigenden Temperaturen auch der Appetit der Bienen wieder zu. Im Februar werden durchschnittlich zwei Kilogramm Futter verheizt. In den folgenden zwei Monaten sind es sogar jeweils rund vier Kilogramm. Daher kann es bei manchen Völkern schnell zu Futternot kommen: Die Gefahr besteht, dass sie im Frühjahr verhungern.

Standortabhängig

Dabei schwankt der Futterbedarf je nach Klima. An warmen Bienenstandorten, beispielsweise in der Kölner Bucht in Nordrhein-Westfalen kommen Wirtschaftsvölker mit 13 Kilogramm Zucker gut durch den Winter. An kalten Standorten, wie beispielsweise in den höher gelegenen Regionen des Schwarzwalds oder in Bayern brauchen die Völker hingegen rund 20 Kilogramm Futter. Für Ableger gilt eine entsprechend geringere Menge, also zehn Kilogramm beziehungsweise 15 Kilogramm.

Gut zu wissen

Verstehen Sie die genannten Angaben immer nur als Durchschnittswerte. Tatsächlich schwankt die Zehrung während des Winters von Jahr zu Jahr mitunter erheblich. Das macht es schwierig, aus der Beobachtung eines Waagstockes Rückschlüsse auf die Zehrung oder die Futterversorgung eines Standorts mit mehreren Bienenvölkern zu ziehen.

Kondenswasser: Fluch und Segen

Kondenswasser ist eines der Hauptfeinde des Bienenvolkes, besonders in der ersten Hälfte des Winters bis zur Wintersonnenwende. Andererseits nutzen die Bienen eben dieses Kondenswasser als Lebensmittel für die Aufzucht der Brut. Für eine gute Überwinterung kommt es auf die richtige Dosis Kondenswasser an.

Kondenswasser entsteht, weil die Wintertraube Wasserdampf abgibt, der dann an kühleren Waben, an den Beuteninnenwänden oder an der Abdeckfolie kondensiert.

Wird die Feuchtigkeit zügig abgeführt, müssen die Bienen weniger heizen und ihr Futterverbrauch ist geringer als in einer feuchten Umgebung. Die Bienen sind besser vor Kalkbrut geschützt. Außerdem halten die Beuten länger. Am wenigsten Schaden richtet dieses Wasser an den Beuteninnenwänden an, denn sie sind mit Propolis überzogen und damit vor jeder Form von Fäulnis geschützt. Schlechter steht es um die Randwaben. Sie können zu schimmeln beginnen. Sie schillern im Frühjahr, je nach Pilzkultur, in einer von Grau über Grün bis Orange reichenden Farbpalette. Sind die Beuten bis auf kleines Flugloch geschlossen, saugen sich die auf dem Boden liegenden toten Bienen voller Feuchtigkeit und beginnen zu schimmeln.

Schimmel verhindern

Um Schimmelbildung zu verhindern, ist eine gute Durchlüftung der Beuten nötig. Die überschüssige Feuchtigkeit muss gut abziehen können. Benutzen Sie einen offenen oder zumindest leicht geöffneten Gitterboden. Achten Sie darauf, dass die Fluglöcher im Winter weit geöffnet sind. Manche Beutensysteme besitzen eine Öffnung im Deckel durch das die feuchte Luft abgeleitet werden kann. Das ist in der Regel ein vergitterter Schlitz an der Seite des Deckels.

Wenn Sie im Frühjahr immer wieder schimmelnde Randwaben entnehmen müssen, dann wintern Sie Ihre Völker im nächsten Jahr mit einer Wabe weniger pro Zarge ein. Rücken Sie den Wabenbau in die Mitte, sodass zu den Seitenwänden ein Abstand von einer halben Wabenbreite entsteht. Die Beute ist so besser durchlüftet und Sie vermeiden schimmelnde Randwaben.

Manche Systeme verfügen über kein Flugloch im Deckel, dafür aber in einer oberen Zarge. Falls Sie sie öffnen, kann es zu einem unerwünschten Luftzug in der Beute kommen. Dies verhindern Sie, in dem Sie lockeres Zeitungspapier, Tüll oder einen Fetzen Sackleinen oder Stoff in die Öffnung stopfen.

Tipp
Achten Sie auf gute Durchlüftung auch in der Beute.

Zu viel Wasser

Bei all diesen Maßnahmen geht es nur darum, überschüssiges Kondenswasser zu vermeiden, das in die Winterkugel tropft oder für ein so feuchtes Klima sorgt, dass sich Schimmel in der Beute ausbreitet. Einen Teil des Kondenswassers verbrauchen die Bienen. Nach der Wintersonnenwende können die ersten Bienenköniginnen mit ihren Völkern wieder in Brut gehen. Geht ein Volk in Brut, braucht es Futter und Wasser. Da die Bienen durch ihren Stoffwechsel neben Wärme und Kohlendioxid Wasser produzieren und sich dieses an den genannten Stellen niederschlägt, ist auch bei frostigen Temperaturen stets genug Wasser in der Beute vorhanden. Für große Brutnester wird viel Futter benötigt, dabei fällt automatisch auch viel Wasser an. Bei einem Kälterückschlag schränken die Bienen die Bruttätigkeit wieder ein und heizen für die noch verbliebene Brut weiter. So ist stets genug Wasser vorhanden.

Mit dem Reinigungsflug – meist im Februar – versorgen sich die Bienen zunehmend mit Wasser von außerhalb der Beute.

Jetzt ist es Zeit, das Gemüll aus den Böden zu entfernen. Dieser sogenannte Bodenwechsel ist eine der ersten Arbeiten des Imkers an den Völkern in der Vorsaison.

> **Tipp**
> Wenn Sie nicht dazu kommen, die Böden im Frühjahr auszuräumen, dann können Sie die Arbeit auch Ihren Bienen überlassen. Starke Völker sind darin ohnehin meist schneller als der Imker.

Wie geht es meinen Bienen?

Viele Imker möchten wissen, wie es ihren Bienen im Winter geht. Das ist menschlich verständlich, doch die Bienen können auf diese Störung verzichten. Imkerlich ist es nämlich nicht notwendig. Sie können Ihren Bienen während der kalten Jahreszeit ohnehin nicht helfen. Wenn Sie nach guter imkerlicher Praxis verfahren sind, dann müssen Sie sich um Ihre Tiere eigentlich keine Sorgen machen.

> **Gut zu wissen**
> Herrschen zur Wintersonnenwende milde Temperaturen oder geringe Minusgrade, beginnt die Königin wieder damit Eier zu legen. Nur bei klirrender Kälte unter –10 °C bleibt das Volk brutlos. Ob es in Brut geht, hängt nicht nur von der Außentemperatur, sondern auch von der Stärke des Volkes ab. Schwächere Einheiten warten auf milderes Wetter. Der unterschiedliche Brutbeginn erklärt sich daraus, dass stärkere Völker auch bei größerer Kälte die Bruttemperatur von 35 °C leichter halten können als schwächere Völker.

Falls Sie trotzdem die Neugierde plagt, bringen Sie den Zustand Ihrer Bienenvölker am besten durch eine Kontrolle des Gemülls in Erfahrung.

Kontrolle des Gemülls

1. Schritt: Ende Januar oder Anfang Februar heben Sie zunächst die Zarge mit den Bienen vorsichtig vom Boden ab. Ist sie angeklebt, knacken Sie die Verbindung mit einem Stockmeißel. Dann kratzen Sie den Boden aus, sodass keine toten Bienen mehr auf dem Gitterboden liegen. Sie würden die Diagnose verfälschen, denn durch eine Schicht toter Bienen kann nichts auf die Windel fallen.
2. Schritt: Schieben Sie nun die Windel in den Boden ein. Dann warten Sie drei Wochen. In dieser Zeit fällt so viel Gemüll auf die Windel, dass Sie nun den Zustand des Bienenvolkes ablesen können.
3. Schritt: Ziehen Sie nach der Wartezeit die Windel und lesen Sie die Botschaften:
- Zunächst fallen Ihnen Krümel aus goldenem Wachs und einzelne Zuckerkristalle auf. Sie stammen von den abgenagten Deckeln der Futterzellen. Dort sitzt das Wintervolk im Kasten. Sie können an der Zahl der Linien aus Krümeln auf der Windel ablesen, wie stark ihr Wintervolk noch ist. Die Linien finden sich direkt unter den Wabengassen. Sehr stark sind Völker, die sieben bis acht Linien hinterlassen haben. Schwach sind Völker mit nur drei Linien.
- Finden Sie glasklare Wachsplättchen und einzelne Bienenstifte im Gemüll, dann brüten und bauen Ihre Bienen bereits. Sie bauen zwar noch keine neuen Zellen, aber sie reparieren und verschließen Brutzellen mit körpereigenem Wachs.
- Möglicherweise finden Sie im Gemüll einige tote Varroamilben, dann wissen Sie, dass die Plagegeister schon wieder aktiv sind. Rechnen Sie zurück. Vor wie vielen Tagen haben Sie die Windel eingeschoben? Sind mehr als zwei Milben pro Tag gefallen, dann sollten Sie das Volk für eine frühe Entnahme der Drohnenbrut vormerken.
- Längliche Kotwürste deuten darauf hin, dass sich eine Spitzmaus im Bienenvolk eingenistet hat. Dazu passen grobe Stücke von Wabenwerk, tote Bienen, Holzspäne, Moos- und Grasreste. Öffnen Sie den Kasten von oben und schauen Sie nach, ob das Bienenvolk noch lebt. Meistens ist es nicht mehr zu retten: Die Übeltäterin ergreift unterdessen bei der Kontrolle die Flucht. Dem Imker bleibt, außer dem verlorenen Bienenvolk, nur die Einsicht, seine Bienenvölker im kommenden Jahr besser gegen die kleinen Säuger zu schützen.

> **Tipp**
> Stören Sie Ihre Bienen im Winter nicht, Sie können ihnen nicht helfen.

Überwinterung am Sommerstand

Die Praxis der meisten Imker sieht so aus: Es gibt einen Bienenstand und an diesem stehen die Bienen das ganze Jahr hindurch. Einige Imker jedoch räumen ihren Bienenstand im Herbst ab, um die Völker an einem anderen Ort zu überwintern. Das hat praktische Gründe. Wenn viele Bienen an einem Ort konzentriert sind, können sie einfacher gefüttert und gegen Milben behandelt werden. Es gibt auch Bienenstände, die für die Überwinterung weniger geeignet sind, weil dort beispielsweise Grünspechte ihr Unwesen treiben. Für diese Bienenstände gilt die hier getroffene Unterscheidung zwischen Sommer- und Winterstand nicht. Wenn im Folgenden vom Sommerstand die Rede ist, dann ist damit generell die Überwinterung im Freien gemeint, weil dort auch im Sommer Bienen stehen können.

In jeder Beute überwintern die Bienen anders

Während die Rähmchenmaße keine wichtige Bedeutung für das gesunde Überwintern von Bienen haben, spielt die Konstruktion der Beute eine große Rolle. Wie gut die Behandlung der Bienen gegen Milben möglich ist, ob die Beute im Winter ausreichend belüftet ist und wie warm die Bienen während der kalten Jahreszeit sitzen, hängt vor allem vom Beutentyp ab. Die große Beutenvielfalt erschwert es, eine gültige Empfehlung für alle oder viele Imker abzugeben. Schon kleine Abweichungen zwischen verschiedenen Beutensystemen können beispielsweise große Auswirkungen auf die Wirksamkeit einer Varroabehandlung haben.

Böden der Beuten

Die meisten modernen Beutensysteme haben offene, mit einem Gitter versehene Böden. An zugigen Standorten können Ableger oder schwächere Völker durch das Gitter zusätzlich Wärme verlieren. Bei solchen Völkern empfiehlt es sich, die Windel einzuschieben. Auf ihr lässt sich anhand des fallenden Gemülls auch stets ablesen, wo die Winterkugel gerade sitzt. Wen dies nicht interessiert, der kann sich auch mit einem passend zurechtgeschnittenen Karton oder einem gefaltetes Zeitungspapier behelfen. Beides wird über das Varroagitter in den Unterboden gelegt.

Die richtige Raumgröße zum Überwintern

Imker mit Hinterbehandlungsbeuten überwintern generell einräumig. Der Honigraum wird ja nicht mehr gebraucht und das Bienenvolk lebt im unteren Brutraum. In den heutigen Magazinen wird in der Regel in beiden Bruträumen überwintert. Ein normales Bienenvolk sitzt im Winter auf sieben Zander- oder acht Normalmaßrähmchen. Hinzu kommen mehrere Futterwaben, sodass die allermeisten Bienenvölker auch auf nur einer Zarge überwintern könnten. So ist die einräumige beziehungsweise zweiräumige Überwinterung vor allem eine Entscheidung für die eine oder andere imkerliche Betriebsweise. Wenn Sie als Imker Ihre Betriebsweise beherrschen, dann überwintern die Bienen bei beiden Verfahren gleichermaßen gut.

Zweiräumiges Überwintern

Diese Form der Überwinterung hat die meisten Anhänger unter den Imkern, obwohl selbst ein sehr großes Bienenvolk die beiden Zargen nicht völlig ausfüllt. Die Bienen lagern die Futtervorräte neben und über dem Brutnest ab. So sitzt das Volk im Winter entweder überwiegend in der oberen Zarge oder je zur Hälfte oben und unten. Dabei ist es wichtig, dass die Abstände zwischen den Unterseiten der Rähmchen in der oberen Zarge und den Oberträgern in der unteren Zarge nicht mehr als acht Millimeter beträgt. Sollte dies der Fall sein, teilt sich die Wintertraube und die Bienen in der unteren Zarge verhungern in Folge von Futtermangel.

Die zweizargige Überwinterung gibt dem Imker die Freiheit, nach der Honigernte und den Varroabehandlungen die Bienen so wie sie sind auffüttern zu können. Die Bienen lagern das Futter gemäß ihren eigenen Bedürfnissen ein. Sie werden immer genug Platz für sich selbst lassen, sodass sie nicht gezwungen sind, auf kaltem Futter zu überwintern.

Viele Imker nutzen diesen Umstand für die Wabenerneuerung. Das Bienenvolk, das während des Sommers zwei Zargen bewohnte, zieht sich bis zum kommenden Frühjahr in die obere Zarge zurück. Dann ist die untere Zarge bienenfrei und kann vom Imker bei der Durchsicht im März entnommen werden. Wenn das Volk im Laufe des Aprils kräftig zu wachsen beginnt, wird das Bienenvolk mit einer Zarge Mittelwände erweitert. Die ehemals obere Zarge ist zur unteren geworden. Im kommenden Frühjahr wird auch sie entnommen. So ergibt sich jedes Jahr ein quasi automatisierter Wabenwechsel mit Bauerneuerung. Alle Waben bleiben zwei Jahre im Bienenvolk und werden dann entnommen.

Einräumiges Überwintern

Für das einräumige Überwintern spricht ein geringerer Futterverbrauch und die Möglichkeit, die Wabenerneuerung den ganzen Winter über vorbereiten zu können. Der Imker muss dazu das Volk nach der letzten Tracht aktiv einengen und die unschönen Waben entweder sofort entnehmen oder so an den Rand rücken, dass er sie im kommenden Frühjahr entnehmen kann. Das einräumige Überwintern bedeutet für den Imker also im Herbst mehr Arbeit, doch im Grunde zieht er die Arbeit nur zeitlich vor. Er kann nicht mehr benötigte Waben entnehmen und einschmelzen. In den folgenden Monaten, bis zum Beginn der neuen Saison, kann er die Rähmchen reinigen, eventuell neu drahten und mit neuen Mittelwänden ausstatten.

Im Unterschied zum Imker, der seine Bienen zweiräumig überwintert, steht er im Frühjahr nicht vor der Aufgabe, all diese Arbeiten ausgerechnet dann bewältigen zu müssen, wenn auch die Bienen wieder mehr Aufmerksamkeit einfordern.

Überwintern im Bienenhaus

Ältere oder selbst gebaute Magazine von Imkern ohne Interesse an der Wanderung mit Bienen, stehen oft vor Regen geschützt in Bienenhäusern oder überdachten Freiständen. Diese Beuten haben normalerweise lediglich einen Sperrholzdeckel. Frei stehende Bienenvölker haben in der Regel einen Blechdeckel und darunter einen Innendeckel mit einer integrierten Isolation. Diese hat im Sommer den Sinn, dass sich die Beuten nicht durch die auf das Blech brennende Sonne erhitzt. Im Winter hält sie die Wärme in der Winterkugel zurück.

Beuten, die in Bienenhäusern stehen, brauchen diesen Sonnenschutz nicht. Daher fehlt ihnen im Winter auch die Deckelisolation. Für diese müssen Sie sorgen, sobald die Temperaturen unter 10°C fallen. Decken Sie die Beuten mit einigen Lagen Zeitungspapier, alten Säcken, mehreren Lagen Lumpen oder einer Filzmatte zu. Das erfüllt bereits den Zweck. Nur wenn die Gefahr besteht, dass herumwirbelnde Schneeflocken auf diese Isolation gelangen könnten, ist eine zusätzliche Abdeckung aus Dachpappe oder Folie sinnvoll.

Auch Hinterbehandlungsimker packen ihre Bienen im Winter gut ein. Dazu legen sie hinter das Glasfenster eine Matte aus Filz oder Schaumstoff. Auch mit Schaumstoffflocken gefüllte Kissen oder Packen von Zeitungspapier erfüllen diesen Zweck. Die Völker stehen in Bienenhäusern Wand an Wand. Daher erübrigt sich zwischen ihnen eine Isolierung. Nur die Randvölker werden warm verpackt. Völker, die nach der Honigernte nur noch im unteren Brutraum sitzen, erhalten eine Dämmung im leeren Honigraum. Dazu wird vorher

Tafel 1

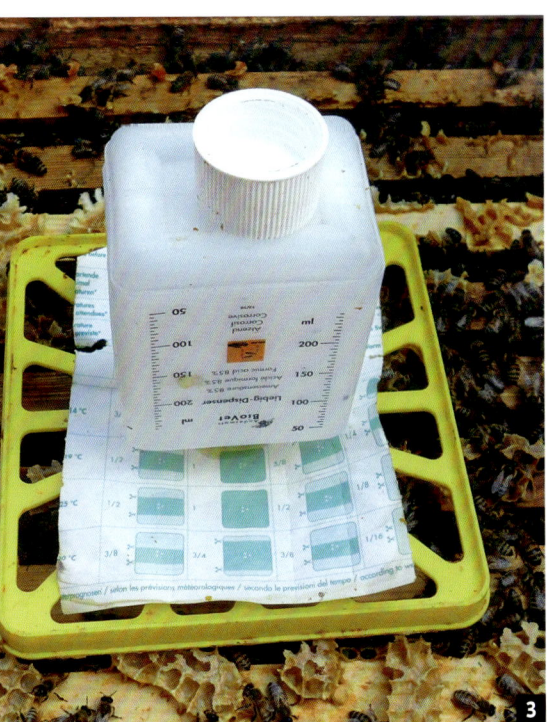

1 Im Winter verlassen immer wieder einzelne Bienen die Beute und landen im Schnee. Das ist kein Grund zur Sorge. **2** Keine Bienen und eine lückige und stehengebliebene Brut deuten darauf hin, dass hier die Varroa-Milbe für den Tod eines Bienenvolkes verantwortlich ist. **3** Der Liebig-Dispenser für die Varroabekämpfung mit Ameisensäure besteht nur aus wenigen Teilen. Sie werden am Bienenstand schnell zusammengebaut. **4** Völker in Bienenkisten benötigen rund ein Drittel weniger Futter, weil nur ein kleiner Teil des Honigs geerntet werden kann.

1 Frisch angerührtes Zuckerwasser hat sich als Winterfutter bewährt. Es macht nur mehr Arbeit als Zuckerteig und Fertigsirup. **2** Bienenvölker mit einer jungen Königin überwintern im Durchschnitt besser als solche mit älteren. Daher sollten die Völker spätestens im Herbst umgeweiselt werden. **3** Völker mit einer älteren Königin lassen sich mit ganzen Begattungskästchen umweiseln, wenn diese nach der Auffütterung umgekehrt auf den Bienensitz gestellt werden. **4** Bienen sind schlechte Schwimmer. Daher müssen die Futtereimer mit reichlich Stroh gefüllt werden. Alternativ können Sie auch Korken oder Schaumzucker (Marshmallows) verwenden.

1 Wurde ein Volk in der kalten Jahreszeit drohnenbrütig, dann ist das deutlich an stehengebliebenen Drohnenzellen und tote Drohen zu erkennen.   **2** Geschlüpfte und ausgebissene Weiselzellen zeigen im Frühjahr an, dass das Volk im Herbst oder Winter vom Imker unbemerkt umweiseln wollte.   **3** Oxalsäure wird im Dezember auf die Winterkugel geträufelt, wenn die Bienenvölker brutfrei sind.   **4** Der Nassenheider Professional wird über dem Brutnest in einer Leerzarge oder einer umgedrehten Futterzarge platziert.

Tafel 4

1 Ein verengtes Flugloch verhindert, dass im Herbst schwächere Ableger von hungrigen Völkern ausgeräubert werden. Die Gefahr besteht, wenn Ableger und Wirtschaftsvölker an einem Stand überwintert werden. **2** Kondenswasser kann im Winter zur Gefahr für die Bienen werden. Eine Öffnung im Deckel sorgt innerhalb der Beute für eine gute Durchlüftung. **3** Durch ein Trennschied lassen sich zwei kleine Völker in einer Zarge gemeinsam überwintern. Die Einheiten wärmen sich gegenseitig. **4** Der Zusammenbau des Nassenheider Professional erfordert etwas Geschicklichkeit. Andernfalls läuft er aus oder die Ameisensäure verdunstet unzureichend.

Tafel 5

1 Spechte hacken mit ihren spitzen Schnäbeln Löcher in die Beutenaußenwände. Sie kehren immer wieder zurück, um sich an den Insekten zu bedienen. **2** Für Mäuse sind Bienen und ihre Vorräte im Winter eine willkommene Delikatesse. Um besser eindringen zu können, wurde die Fluglochverengung einfach aufgenagt. **3** Völker, die im Winterlager bodennah stehen, brauchen unbedingt einen Mäuseschutz, weil auch die kleinen Nager eine trockene Überwinterung schätzen. **4** 8 × 8 mm-Volierendraht eignet sich als Mäuseschutz. Es gibt ihn im spezialisierten Drahtwarenhandel ab Rolle zu kaufen.

Tafel 6

1 In Styroporbeuten überwintern Bienen besser. Wer Holzbeuten benutzt, kann diese an kalten Standorten mit Dämmplatten zusätzlich isolieren. **2** In der Stadt ist die Durchschnittstemperatur um zwei bis drei Grad höher als im ländlichen Umland. Das heißt, die Bienen brüten im Herbst länger und starten im Frühling früher. **3** Warmes Überwintern heißt, die mit Bienen besetzten Beuten nicht unmittelbar den Wetterextremen auszusetzen. Die Unterbringung in einem Bauwagen ist eine Möglichkeit. **4** Bei der Kellerüberwinterung bleiben zwischen den gestapelten Beuten Gassen frei, so dass Bienen die Beute ungehindert verlassen können.

Tafel 7

1 Je weiter die Temperaturen fallen, desto enger ziehen sich die Bienen zu einer Winterkugel zusammen, um sich gegenseitig zu wärmen. **2** Nach dem Füttern der Bienen werden die Futtergefäße abgeräumt und den Beuten isolierte Deckel aufgesetzt. **3** Schnee schadet den Bienen nicht. Die Beuten müssen nicht freigeräumt werden, denn auch völlig zugeschneite Bienenwohnungen erhalten noch genug Luft durch die Schneedecke.
4 Beim Reinigungsflug leeren die Bienen ihre volle Kotblase. Für den Imker ist er stets ein beeindruckendes Schauspiel nach Monaten, in denen er seine Tiere kaum gesehen hat.

1 Eine Sal-Weide in der Nähe des Bienenstandes sorgt für einen guten Brutbeginn im Frühling. **2** Blühende Ahornbäume sind die ersten Trachtpflanzen, die Nektar im Überfluss liefern. Mit der Ahornblüte endet die Zeit der Notfütterung, sofern dies notwendig war. **3** Liegt beim Reinigungsflug noch Schnee, dann sterben mehr Bienen als in einer schneefreien Landschaft. Für die Entwicklung der Bienenvölker ist das kein Rückschlag. **4** Wie geht es meinen Bienen? Diese Sorge treibt jeden Imker während der kalten Jahreszeit um. Nachschauen ist indes verboten. Es bekäme den Bienen nicht gut.

das Absperrgitter entnommen und durch ein passendes Brettchen ersetzt.

Überwintern von Reserveköniginnen in Mini-Plus-Beuten

Imker, die Königinnen in Begattungskästchen aufziehen, stehen nach der Entnahme der Weisel vor der Frage: Wohin mit den Völkchen? Außerdem finden oft nicht alle Königinnen einen Abnehmer. Daher ist es sinnvoll, Königinnen und Begattungsvölkchen zu überwintern. Das erleichtert zudem im kommenden Frühjahr den Start in die neue Saison, wenn für weisellose Einheiten Königinnen zur Verfügung stehen.

Die Mini-Plus-Beute hat sich für die Überwinterung bewährt. Sie ist eine speziell für die Königinnenaufzucht und -überwinterung geschaffene Beute im ¼-Dadant-Maß (215 × 159 Millimeter). Sie besitzt Zargen, einen offenen Gitterboden und eine Futtereinrichtung – alles wie bei einer normalgroßen DMN-, Zander- oder Langstroth-Beute. Und obwohl sie aussieht wie eine Spielzeug-Beute, ist sie ein durchdachtes System, um Königinnen zu begatten und zu überwintern.

Im Unterschied zu Kieler-, Kirchhainer oder ähnlichen Begattungskästchen, die nach der Entnahme der letzten Königin vom Imker aufgelöst werden, setzen Sie immer zwei bis vier Mini-Plus-Zargen nach der Entnahme der Königin auf eine Einheit mit einer intakten Königin. Am sichersten gelingt dies, indem Sie die entweiselten Kästchen über einem Blatt Zeitungspapier auf der weiselrichtigen Einheit platzieren. Füttern Sie die Bienen mit der zum System gehörenden Futterzarge. So entstehen Völker mit genug Bienenmasse und Futtervorräten, um durch den Winter zu kommen.

Falls Sie keine entweiselten Einheiten haben und die Bienen in einer Mini-Plus-Beute zur überwinterungsfähigen Einheit aufpäppeln möchten, empfiehlt es sich, Königinnen aus den ersten Anzuchtserien in ihren Mini-Plus-Beuten zu belassen und mit ausgebauten Waben und übrigen Futterwaben aus aufgelösten Einheiten zu verstärken.

Gut zu wissen

Die Vierergruppierung empfiehlt sich vor allem in kälteren Regionen. Am engsten lassen sich die Völker stellen, wenn Sie abstehende Deckel abnehmen und durch den Deckel für eine Dadant-Beute ersetzen. So kommen die Mini-Völker gut durch die kalte Jahreszeit. Im Frühjahr rücken Sie die Türme wieder auseinander.

> **Gut zu wissen**
>
> Viele Imker begeistern sich für alles, was klein ist. Daher sind ihnen die Mini-Plus-Beuten und auch Warré-Beuten so sympathisch. Alles sieht aus wie bei einer normalgroßen Beute, nur ist es eben viel kleiner und puppenhafter. Widerstehen Sie der Versuchung, in Mini-Plus-Beuten zu imkern.

Füttern Sie die Völkchen kontinuierlich. So entsteht im Laufe des Sommers ein überwinterungsfähiges Volk.

Sie können die Mini-Plus-Beuten wie andere Beuten in Reihe an Ihrem Stand aufstellen. Bessere Ergebnisse erzielen Sie hingegen, wenn Sie immer vier gleichhohe Völkchen so zusammenrücken, dass sie sich an zwei Seiten berühren. In diesem Turm mit seiner quadratischen Grundfläche bilden die Insekten eine gemeinsame Bienentraube. Finden Sie einen etwas windgeschützten Überwinterungsort.

Mini-Plus im Frühjahr

Im kommenden Frühjahr suchen Sie die Zarge mit der überwinterten Königin heraus, stellen sie auf einen Boden und bedecken sie mit einem Deckel. Dann verfahren Sie ebenso mit den übrigen Zargen. Jede Zarge, die Bienen und Futterwaben enthält, versorgen Sie mit Boden und Deckel. Dann setzen Sie den Einheiten vorgezogene Weiselzellen zu. Ambitionierte Königinnenvermehrer und Berufsimker schätzen dieses System, weil es ihnen die Arbeit erspart, in jedem Frühjahr zahlreiche Begattungskästchen füllen zu müssen. Außerdem kennen sie im Herbst den Druck nicht, Begattungskästchen unbedingt auflösen zu müssen.

Stark in den Winter

Mini-Plus-Völker, selbst eher spät erstellte, erreichen bis zur Traubenbildung im Spätherbst problemlos vier bis fünf Zargen Stärke. Die quadratische Zarge mit sechs Waben ermöglicht eine echte Überwinterungstraube. Die Beuten können wie normale Ableger gegen Parasiten behandelt werden. In durchschnittlichen Klimata überwintern 4- bis 5-zargige Mini-Plus-Völker in Einzelaufstellung vergleichbar mit Ablegern. An rauen Standorten ist eine Gruppierung zu Viererblöcken vorteilhaft. Die Fütterung erfolgt vor kalten Wintern oder sehr langen Schlechtwetterperioden in der Regel flüssig im Trog oder eventuell in Taschen.

So überleben mehrere Einheiten in einer Beute

Nur während der Sommermonate reagieren Bienen mit Beißerei, wenn sich zwei Völker mit Königin begegnen. Im Winter hingegen kommen sie recht gut miteinander aus. Diese Eigenschaft können Sie für die Überwinterung von mehreren Völkern in einem Kasten nutzen.

Ein starkes und ein schwaches Volk überwintern Sie sehr gut ubereinander. Leider wird dabei oft viel falsch gemacht: Ein schwaches wird auf ein starkes Volk gestellt, nur durch ein Absperrgitter voneinander getrennt. Sinken die Temperaturen unter 0 °C, bleiben die toten Bienen des schwachen Volkes auf dem Absperrgitter liegen. Sie werden nicht mehr ausgeräumt, sondern bilden eine faulende Schicht, die schließlich auch das starke Volk unten tötet. Selbst wenn dies nicht geschieht, laufen die Völker im Verlauf des Herbstes oder des Frühjahrs durch das Absperrgitter der Königin zu, die ihnen besser erscheint. Das heißt für Sie: Die Überwinterung von zwei mit einem Absperrgitter getrennten Völkern ist mit großen Risiken verbunden.

> **Tipp**
> Ein Absperrgitter zwischen zwei Völkern in einer Beute erhöht die Risiken.

Daher nutzen Sie lieber diese Methode: Legen Sie auf die oberste Zarge eines starken, auf zwei Zargen überwinternden Volkes ein Tuch. Darauf stellen Sie das schwächere Volk in einer Zarge. Diese Zarge muss ein eigenes Flugloch haben, das Sie beispielsweise mit einem Forstner-Bohrer in die Zargenaußenwand bohren können. Das stärkere Volk unten fliegt durch das Bodenflugloch ein und aus. Der beste Zeitpunkt für das Übereinandersetzen ist nach der Auffütterung. Die Völker können Sie nach der Auswinterung wieder voneinander trennen. In der sogenannten Zweiköniginnen-Betriebsweise bleiben die Einheiten auch während der Tracht übereinander stehen.

Zwei schwache Ableger können Sie in einer Zarge gemeinsam überwintern. Die beiden Einheiten werden dann durch ein Trennschied voneinander separiert. Achten Sie darauf, dass die Folie dicht über der Trennwand liegt, sonst kann es passieren, dass Bienen über das Trennschied klettern und ein Ableger dadurch geschwächt wird. Im Idealfall bilden die Bienen auf beiden Seiten des Schieds je eine halbe Winterkugel, die jeweils die andere wärmt. So kommen die beiden kleinen Völker sicher durch die kalte Jahreszeit.

Überwintern in Einfachbeuten

Obwohl das Magazin Standard in der Imkerei ist, erfreuen sich Einfachbeuten in bestimmten imkerlichen Milieus größerer Beliebtheit. Dazu zählen die Bienenkiste, die Top-Bar-Hive und die Warré-Beute. Auch wenn die Protagonisten dieser Beutentypen oft betonen, „anders" als die Mehrheit der Imker Bienen zu halten, unterscheidet sich das Überwinterungsverhalten der Bienen nicht von den Tieren, die in Magazin- oder Hinterbehandlungsbeuten gehalten werden. Ausschließlich aus Gründen der Bauart ihrer jeweiligen Beute sind die Bienenhalter dazu gezwungen, etwas anders vorzugehen als die Kolleginnen und Kollegen mit gebräuchlicheren Bienenwohnungen.

Winterruhe in der Bienenkiste

Die Bienenkiste ist eine Einfachbeute, bei der die Waben im Stabilbau mit der Beute verbunden sind. Aufgrund eines klugen Internet-Marketings erfreut sich dieser Beutentyp zunehmender Beliebtheit bei Bienenhaltern, denen es vor allem darauf ankommt, etwas für die Umwelt zu tun. Bei der Bienenkiste leben die Insekten in einem länglichen Raum, der durch ein Schied in einen Brutraum (circa 2/3 des Volumens) und einen Honigraum geteilt wird. Die Honigernte ist bei der Bienenkiste nachrangig.

Viele der Arbeiten, die Magazinimker kennen, sind in der Bienenkiste so nicht möglich. Der Honig wird beispielsweise nur einmal im Jahr entnommen. Zu diesem Zeitpunkt haben die Bienen schon viel des süßen Stoffs im Brutraum eingelagert. Nach der Ernte behandelt der Bienenkistler sein Volk mit einem Nassenheider Horizontal-Verdunster wie beispielsweise dem „Professional" mit 60 %iger Ameisensäure. Anschließend wird die gesamte Kiste kopfüber nach vorne auf eine Personenwaage gekippt und das ermittelte Gewicht notiert. Der Imker wird dann aufgefordert, vom Messergebnis das Leergewicht und das Gewicht der leeren Waben und der Bienen abzuziehen. Ergibt die Rechnung weniger als 15 Kilogramm Futterreserve, dann

Gut zu wissen

Ein „nacktes" Volk, das heißt die reine Bienenmasse, wiegt im Sommer nach der Honigernte circa 6 bis 9 Kilogramm. Die leere Bienenkiste mit Einrichtung bringt 23 Kilogramm auf die Waage. So ergibt sich ein Gewicht von 32 Kilogramm. Bringt die Beute mehr auf die Waage, dann handelt es sich um das bereits eingelagerte Winterfutter.

muss zugefüttert werden. Dies geschieht vom Honigraum aus. Dazu muss unbedingt das für die Varroabehandlung entnommene Schied wieder eingeschoben werden, sonst bauen die Bienen den Honigraum mit Wildbau zu.

Winterfutter

Für ausreichende Wintervorräte werden 15 Kilogramm Futter empfohlen. Völker in der Bienenkiste brauchen in der Regel weniger als zehn Kilogramm aufgelösten Zucker oder Sirup, um im Winter und Frühjahr nicht zu hungern. Dieses Futter kann den Bienen in Schüsseln oder flachen Gefäßen angeboten werden. Zuvor muss die Beute wieder auf den Stellplatz gewuchtet werden.

Damit die Bienen nicht ertrinken, muss die Oberfläche des Futters mit einer Schwimmhilfe versehen werden. Erhard Maria Klein, der Erfinder der Bienenkiste, empfiehlt halbierte oder in Scheiben geschnittene Korken.

Tipp
Wässern Sie die Korken gründlich, bevor Sie diese zum ersten Mal für die Einfütterung verwenden. Geschieht dies nicht, löst sich der in den Korken enthaltene Wein und das Futter nimmt eine deutliche Rotfärbung und einen Geruch nach Wein an.

Behandlung mit Oxalsäure

Für die Behandlung mit Oxalsäure wird die Bienenkiste um 180 Grad gedreht, das heißt auf den „Rücken" gelegt. Die Lösung wird sodann in die Wabengassen geträufelt. Ein starkes Volk braucht 50 Milliliter, ein schwaches mit vier bis fünf besetzten Wabengassen 30 Milliliter. Danach wird der Boden wieder verschlossen und die Beute wieder richtig aufgestellt. Da die Kiste nicht isoliert ist, empfehlen erfahrene Bienenkistenimker, sie von außen mit Pferdedecken oder Filzmatten zu dämmen. Gegen Regen und Schnee wird die Kiste zusätzlich mit Dachpappe oder Wellblech abgedeckt. Manche Imker bauen sich optisch attraktivere Dächer aus Holzschindeln. Anschließend können Bienenkistenimker ihre Bienen bis April vergessen.

Afrikanische Beute im Winter: Die Top-Bar-Hive

Die Kenianische Oberträgerbeute, kurz Top-Bar-Hive, wurde ursprünglich für die Entwicklungshilfe speziell für Frauen in Ostafrika entwickelt. Sie entspricht dem Typ einer Trogbeute, das heißt Brutnest und Honigraum befinden sich wie bei der Bienenkiste auf einer Ebene. Im Unterschied zu dieser werden die Bienen nicht von unten, sondern von oben bearbeitet. Statt Rähmchen hat die Beute 3,5 Zentimeter breite Leisten, die mit einem Mittelwandstreifen oder mit einer dreikantigen, bewachsten Leiste versehen werden. Diese Leisten bilden gleichzeitig den Deckel der Beute. Waben können einzeln an den Leisten entnommen werden. Allerdings verfügen die Waben über keine stabilisierenden Drähte, sodass die Waben sehr fragil sind und leicht abreißen können. Wer indes damit umzugehen weiß, kann mit der Beute arbeiten, wie er das von Lagerbeuten mit Rähmchen her kennt.

Nach der Ernte, bei der alle mit verdeckeltem Honig gefüllten Waben entnommen werden, braucht ein durchschnittliches Bienenvolk 15 Kilogramm Zucker. Zuvor werden die Bienen mit Ameisensäure gegen die Varroamilbe behandelt. Gute Erfolge werden mit dem Nassenheider Verdunster, Modell „Classic", erzielt. Dieser vertikale Verdunster wird mit Draht an einem Oberträger befestigt. Rähmchenimker würden ihn in ein Leerrähmchen schrauben. Wie diese platzieren ihn auch Tob-Bar-Hive-Imker in der Nähe des Brutnestes. Besitzt die Beute einen geschlossenen Boden, kann das Volk auch von unten mittels eines Schwammtuchs behandelt werden.

Fütterung

Anschließend müssen die Bienen aufgefüttert werden. Dazu werden neben das Brutnest sieben bis acht leere Oberträger mit einer Bauhilfe (Mittelwandstreifen) gehängt. Dann wird ein Schied eingehängt, das jedoch einen Durchlass für die Futter transportierenden Bienen hat. Hinter das Schied stellen Sie einen Eimer mit Zuckerwasser. Am ehesten eignet sich nach Guido Frölich, dem anerkannten Top-Bar-Hive-Experten, eine Lösung aus einem Teil Zucker und einem Teil Wasser. Alternativ dazu kann auch fertiger Zuckerteig oder Sirup gegeben werden. Damit die Bienen nicht ertrinken, ist eine Schwimmhilfe unbedingt erforderlich.

Die Bienen bauen aus den Mittelwandstreifen komplette Waben. Alternativ können Sie auch eine flache, längliche Schale direkt unter den Streifen platzieren. So erleichtern Sie den Tieren den Zugang zum Futter. Sie müssen allerdings häufig Futter nachgießen, da eine solche Schale weniger Zuckerwasser fasst als ein Eimer.

Es folgt eine zweite Ameisensäurebehandlung nach dem Auffüttern. Im Winter, in der brutfreien Zeit, können die Bienen auch mit Oxalsäure beträufelt werden. Dazu werden die Oberträger etwas auseinander geschoben, sodass die Säure auf die Bienen getropft werden kann.

> **Tipp**
>
> Zu wenig Futter im Frühjahr? Dann hängen Sie, wie die Magazinimker, Futterwaben aus anderen Top-Bar-Hive-Völkern zu. Oder Sie können eine flache Schale mit Zuckerwasser direkt unter den Bienensitz stellen. Wenn die Wabenunterseiten dabei in die süße Flüssigkeit eintauchen, erleichtern Sie den Bienen den Zugang zum Futter.

Isolierung

Im tropischen Kenia herrschen das ganze Jahr über im Mittel 25 °C bis 30 °C. Daher braucht eine Beute, die von dort stammt und bei uns genutzt wird, eine gute Isolation. Gut geeignet ist eine mitteldichte Faserplatte (MDF-Platte). Sie wird zwischen die Oberträger und einen über die ganze Beute gehenden Deckel gelegt. Wird darüber ein Deckel aus Blech genutzt und steht die Beute im Sommer eventuell in der prallen Sonne, muss die Isolation auch im Sommer auf der Beute bleiben, da sie sich sonst leicht aufheizen kann und die schweren Waben von den Oberträgern abreißen können. Wird ein Deckel aus Holz, beispielsweise auf der Basis einer Siebdruckplatte genutzt, erübrigt sich die Isolation im Sommer.

Füttern nicht nötig – Die Warré-Beute

Die Warré-Beute versteht sich als Vorläufer der modernen Rähmchen- und Magazinimkerei. Die Warré-Beute wurde Anfang des 20. Jahrhunderts von dem französischen Pastor E. F. É. Warré als „Volksbeute" entwickelt. Sie ist eine Magazinbeute mit sehr kleinen, quadratischen 30 × 30 Zentimeter großen Zargen. Sie ähnelt mit ihren kleinen Zargen, dem flachen Boden und dem mittels eines Kissens isolierten Daches einer Mini-Plus-Beute. Doch im Unterschied zu dieser arbeiten die meisten Warré-Imker nicht mit Rähmchen, sondern mit Leistchen und Wachsstreifen, an denen sich die Bienen aufhängen und Stabilbau errichten. Die Anhänger der Warré-Imkerei versichern, dass die Bienen in ihrer Beute besonders wenig Winterfutter brauchen. Sie führen dies auf die Form zurück, die sich positiv auf den Wärmehaushalt des Bienenvolkes auswirken soll. Schließlich steigt Wärme bekanntlich nach oben. Die Strahlungswärme der Bienen wärmt besonders viele Tiere in dieser kaminförmigen Beute. Während die im Handel käuflichen Zargen der verbreiteten Maße DNM, Zander und Langstroth gewöhnlich aus 20 Millimeter starken

Brettern gebaut sind, sind die Wände der Warré-Zargen mindestens 25 bis 30 Millimeter stark. Dadurch sollen die Wärmeeigenschaften weiter verbessert werden.

Honigernte

Bei der Honigernte werden fast alle über dem Brutnest befindlichen und ganz mit Honig gefüllten Zargen abgenommen. Eine mit Honig gefüllte Zarge bleibt über dem Brutnest zurück. Sie enthält in der Regel, die für die Überwinterung benötigte Futtermenge von 15 Kilogramm. Nun wird geprüft, ob die unterste Zarge noch mit Bienen besetzt ist. Oft haben sich nämlich die Bienen in die zweite Zarge von unten zurückgezogen. Ist dies der Fall, wird die unterste Zarge abgeräumt. Sind noch Bienen oder Brut in dieser Zarge, dann wird sie über ein Absperrgitter oder eine Bienenflucht gesetzt und gewartet, bis die Zarge bienenleer ist. Die bienenfreie, aber mit Waben ausgebaute Wabe, wird nun für das kommende Frühjahr eingelagert. Um zu verhindern, dass Wachsmotten die Wabenvorräte befallen, können Sie den kaminartigen Charakter der 30 × 30 Zentimeter messenden Beuten nutzen. Stapeln Sie die Beuten dazu erhöht über einem Fliegengitter und dichten Sie die Beuten oben ebenfalls durch ein solches Gitter ab. So kann der Wind durch den Stapel pfeifen, was das Leben der Wachsmotten so „ungemütlich" macht, dass sie fliehen.

Nach der Ernte werden die Bienen mit Ameisensäure behandelt. Dies geschieht wie bei vielen anderen Magazinimkern von oben. Im Winter kann die Brutzarge mit Oxalsäure beträufelt werden.

Fütterung

Wiegt die Zarge mit dem Vorrat weniger als die nötigen 15 Kilogramm plus Leergewicht der Zarge mit leerem Wabenbau, dann wird mittels der zum System gehörenden Futterzarge gefüttert. Für eine optimale Einwinterung sollte auf einer dicht mit Bienen besetzte Zarge eine randvoll mit Winterfutter gefüllte Wabe stehen.

Gut zu wissen

Eine Warré-Beute hat weniger Wabengassen als eine gewöhnliche Beute. Daher reduziert sich auch die für die Winterbehandlung nötige Menge an Oxalsäure. Es reichen 24 bis 30 Milliliter, während Sie für andere Beutensysteme 30 bis 50 Milliliter benötigen.

Diese Futterzarge entspricht in der Funktionsweise den Fütterungseinrichtungen, die es auch für andere Beutentypen zu kaufen gibt. Bernhard Heuvel, der Wiederentdecker dieses Beutentyps, empfiehlt, Honig aus eigener Ernte für die Einfütterung der Bienen zu verwenden. Nur wenn dieser nicht vorhanden sei, könne Zuckerwasser im Verhältnis 1:1 gegeben werden.

Achten Sie auf das Flugloch

Da das Flugloch der Beute sehr klein und der Boden häufig geschlossen ist, darf die Beute im Winter nicht einfach „vergessen" werden. Das Flugloch muss innen frei von toten Bienen und außen frei von Eis gehalten werden. Steht die Beute an einem windigen und eisigen Standort, braucht sie trotz ihrer dicken Holzwände zusätzlichen Schutz. Heuvel packt sie mit Reisern von Fichten und Tannen ein, so wie es Gärtner mit ihren Rosen machen.

> **Tipp**
> Um das Leergewicht der Vorratszarge zu ermitteln, müssen Sie nur die eingelagerte Zarge wiegen und das Ergebnis vom Gewicht der vollen Zarge abziehen.

Warmes Verpacken am Sommerstand

Außer der kalten Überwinterung am Sommerbienenstand und der sogenannten warmen Überwinterung in einem Keller oder Ähnlichem (Kapitel „Warmes Überwintern am Winterstand", S. 76) ist noch das wärmende Verpacken der Bienenvölker am Sommerstand möglich. Diese Möglichkeit wird vor allem praktiziert, um den Futterbedarf im Winter zu senken. Sie können damit aber auch für eine bessere Überwinterungsrate sorgen und das lästige Schimmelproblem lösen. Ideal ist dieses Verfahren, wenn Sie Holzbeuten haben, aber die Vorteile nutzen wollen, die Ihnen eine Styroporbeute für die Überwinterung bietet. Das sind
- bessere Überlebenschancen für kleinere Einheiten,
- weniger Futterverbrauch und
- eine schnellere Entwicklung im Frühjahr.

Für eine warme Verpackung stellen Sie Ihre Beuten am besten in Vierergruppen auf Europaletten. Schließen Sie den offenen Gitterboden, indem Sie die Windel einschieben oder eine passend zurechtgesägte Platte in den Boden legen. Rücken Sie die Bienenvölker so eng wie möglich zusammen. Dann bleiben Ihnen nur noch vier Seiten zur Isolation. Als gut geeignet hat sich die Dämmung mit einer 30 bis 50 Zentimeter dicken Heu- oder Strohschicht erwiesen. Schichten Sie diese über und um die Beuten auf. Sie können ebenso gut Holzwolle, Sägemehl, trockenes Laub oder getrocknetes Moos verwenden. Dann decken Sie das Gebilde mit einer Plane zu und ver-

> **Gut zu wissen**
>
> Alle Materialen, die sich beim Anfassen warm anfühlen, sind auch für die Dämmung von Beuten geeignet. Die Wirkung kann sich aber nur entfalten, wenn das Dämmmaterial trocken bleibt. Daher sollten Sie darauf achten, dass die Folie oder Plane dicht ist. Andererseits ist eine gute Belüftung bei derart gut gedämmten Beuten notwendig. Verzichten auf die Einengung des Fluglochs.

schnüren alles. Achten Sie aber darauf, dass die Fluglöcher frei bleiben.

Auch Baumärkte halten Isolationsmaterialien vor. Am besten eignen sich Dämmplatten aus Styropor, die Sie mit einem Teppichmesser zurechtschneiden. Mit Wandergurten verschnüren Sie alles. Da Styropor kein Wasser speichert, brauchen Sie bei dieser Dämmung keine Abdeckplane. Sie können auch MDF-Platten benutzen, die aber wieder mit einer Plane geschützt werden müssen. Eine denkbar schlechte Alternative sind Glaswollmatten. Ihre spätere Entsorgung ist mit zusätzlichen Kosten verbunden, denn sie gelten als Sondermüll!

> **Tipp**
> Ein Mäusegitter bleibt jedoch bei jeder bodennahen Überwinterung notwendig!

Überwintern im warmen Süden

Größere Imkereien bringen ihre Bienenvölker nach Südeuropa, um diese dort zu überwintern. Die Bienen sind dann zwar nicht am Sommerstand, aber in einer Umgebung, die mit den Wintern, wie wir sie kennen, nichts zu tun haben. Das hat mehrere Vorteile:
- Die Bienen brauchen weniger Winterfutter.
- Die Völker haben im Frühjahr einen Entwicklungsvorsprung, der sie die Frühtracht besser ausnutzen lässt.

Beliebte Ziele für die Überwinterung sind Süditalien und die Provinz Alicante in Spanien. In der Regel bleiben die Bienen bis in den Spätsommer in Mitteleuropa und werden dort entmilbt.

Vorroabehandlung

Die Behandlung muss sehr gründlich erfolgen, weil die Bienen am Überwinterungsort durchbrüten und daher mehrere Generationen Milben bis ins Frühjahr schlupfen würden. Präparate auf der Basis

> **Gut zu wissen**
>
> Rechtlich ist der Transport von Bienenvölkern in den Süden kein Problem, sofern Sie für die Bienen über die nötige Wandergenehmigung verfügen. Bevor sie den Rückweg nach Deutschland antreten, müssen sie selbstverständlich auch vom Amtstierarzt in Italien oder Spanien untersucht werden.

von Oxalsäure, wie sie hierzulande für die Winterbehandlung verwendet werden, wirken nicht. Sie wirken nämlich nur auf die offene Brut. Die Mehrzahl der Milben befindet sich aber in der verdeckelten Brut, die von der Oxalsäure nicht erreicht wird.

Die Völker werden sparsam oder gar nicht aufgefüttert: Vier Kilogramm Winterfutter reichen. Das entspricht etwa zwei vollen Waben. Da Wirtschaftsvölker im Spätherbst noch stark sind und diese Stärke in Südeuropa viel mehr beibehalten als hierzulande, werden die Völker generell zweiräumig überwintert.

Frühstart

Die Bienen starten an ihrem warmen Überwinterungsort sechs bis acht Wochen zeitiger ins Frühjahr als in Deutschland. Bereits im März und nicht erst im Mai sind sie reif für den Honigraum. Kommen sie dann nach Deutschland zurück, haben die Völker ihre volle Stärke bereits erreicht. Wenn Sie Ihre Bienenvölker in Süditalien überwintern, empfiehlt es sich, vor Ort Imker zu kennen, die ein Auge auf die Bienen haben. Sie sollten außerdem die Landessprache beherrschen. Oft sind nämlich die Englischkenntnisse bei Imkern in Südeuropa noch dürftiger als bei älteren Imkern hierzulande. Für die Imkerei brauchen sie diese ohnehin nicht und während der Feriensaison sind sie viel zu beschäftigt, um zu verreisen. Bedenken Sie weiterhin, dass Sie möglicherweise auch „Lehrgeld" bezahlen müssen, bis Sie ihre Betriebsweise so perfektioniert haben, dass die Überwinterung im Süden gut funktioniert. So können Völker abschwärmen oder verhungern, ohne dass Sie aus der Entfernung von mehreren 1.000 Kilometern etwas davon erfahren oder etwas dagegen unternehmen können.

Warmes Überwintern am Winterstand

Bienen mögen wie alle Insekten die Wärme. Darum liegt es nahe, die Bienen möglichst warm zu überwintern, indem sie an einen Ort gebracht werden, der im Winter wärmer als der Sommerstand ist. Das wurde bis ins 20. Jahrhundert hinein praktiziert, ist inzwischen aber bei den meisten Imkern unbekannt. Die vielen Möglichkeiten der warmen Überwinterung sind vergessen oder werden bestenfalls belächelt.

Dabei heißt warmes Überwintern nicht, die Bienen in einen geheizten Raum zu stellen. Das wäre nicht artgerecht, denn Bienen beweisen Winter für Winter, dass sie auch mit längeren Kälteperioden gut zurechtkommen.

Warmes Überwintern bedeutet vielmehr, die Bienen an einen geschützten Ort zu bringen, sodass sie nicht der Strenge des Winters in seiner unerbittlichen Härte ausgesetzt sind. Obwohl warmes Überwintern jahrhundertelang praktiziert wurde, sind die allermeisten Imker davon abgekommen. Es heißt, die alten Imker hätten geglaubt, dass es die Bienen in ihrem Kasten so warm wie wir im Zimmer bräuchten. Dabei wird den Imkern früherer Generationen etwas unterstellt, was diese niemals behauptet haben. Sie hatten sehr wohl bemerkt, dass die Innenseiten ihrer Körbe von Frostkristallen überzogen sein konnten, während die Bienen warm in ihrer Wintertraube saßen.

Sieben Gründe für warmes Überwintern

Warmes Überwintern wurde früher aus anderen Gründen praktiziert als heute. Hier sind zunächst die Gründe der Altvorderen:
- In Zeiten, in denen teurer „Krystallzucker" verfüttert wurde und die Bienen einen Beitrag zum Lebensunterhalt der Familie des Imkers leisteten, war eine 50–60 %ige Futterersparnis ein wichtiges Argument, für die Senkung der Kosten in der Imkerei. Warme Überwinterung spart auch heute noch rund 2–2,5 Kilogramm Winterfutter pro Volk.
- Früher waren die Bienenvölker generell kleiner. Im Winter bedeutete dies, dass das Verhältnis zwischen Oberfläche und Inhalt der Bienentraube ungünstiger war. Durch die warme Überwinterung

waren die Bienen nicht den extremen Temperaturen ausgesetzt. Sie überwinterten besser.
- Bedeutende Imkerlehrer wie J.G. Kanitz (Ostpreußen) und Johann Dzierzon (Oberschlesien) sowie deren Schüler prägten die Imkerei bis ins erste Drittel des 20. Jahrhunderts. Sie kamen aus Regionen mit extrem harten Wintern. So gab es 1889/1890, 1899/1900 und 1928/29 sehr kalte Winter. Am 10. Februar 1929 wurde mit −34,4 °C in Ostpreußen ein Kälterekord aufgestellt. Die Bücher dieser Autoren lehrten Methoden, mit denen Bienen trotz extremer Kälte überleben konnten, die auch Imkern in klimatisch günstigeren Regionen bekannt wurden.

Heute sind die Verhältnisse anders. Zucker ist wesentlich preiswerter geworden, die Imkerei ist vor allem Hobby und die Bienenvölker sind größer. Heute lautet der Rat: Nur starke Völker einwintern! In neueren Imkerbüchern findet sich daher kein Hinweis mehr auf das warme Überwintern.

Warmes Überwintern heute

- Trotzdem sollten heutige Imker diese Möglichkeit kennen, denn dafür spricht schon allein die durch warmes Überwintern mögliche Kostenersparnis beim Futter. Die Ernährung der Bienen in der trachtlosen Zeit ist häufig der größte laufende Kostenfaktor einer Imkerei. Daher kann sich der Mehraufwand durch warmes Überwintern rechnen.
- Weiter spricht dafür, dass es immer noch kleine Einheiten gibt. Es stimmt zwar, dass Wirtschaftsvölker heute stärker sind als früher, aber es treten in einer Imkerei auch zu spät und zu klein gebildete Ableger auf. Es gibt nach einer Waldtracht geschwächte Völker sowie kleine Nachschwärme oder Kleinvölker mit Reserveköniginnen. Wer der Doktrin der starken Völker folgt, müsste diese Einheiten im Herbst auflösen oder vereinigen. Er könnte dann von diesen starken Völkern im Frühjahr neue Völker bilden und würde dann im kommenden Herbst genauso dastehen wie ein Imker, der die schwachen Völker warm überwintert und wartet, dass sie sich den Sommer über entwickeln.
- Allerdings gibt es immer mehr Imker, die dieses Zusammenlegen und Auseinandernehmen von Bienenvölkern als unethisch empfinden. In deren Vokabular werden die Kolonien häufig als „Bien" bezeichnet. Sie gelten ihnen als ein Wesen mit eigenem Lebensrecht und nicht lediglich als ein Haufen Bienen, der durch eine Königin zusammengehalten wird und nach deren Wegnehmen beliebig zerlegt, gemischt und zusammengesetzt werden darf. Sie suchen

nach Methoden, um Schwächlinge zu überwintern und damit den „Bien" zu retten. Das gelingt durch warmes Überwintern. Es gibt keine bessere Möglichkeit dafür!
- Zuletzt gibt es auch bei uns sehr harte Winter. Wobei die reine Kälte nicht das Problem ist. Viel schwieriger sind für die Bienen starke Temperaturwechsel zu verkraften. So war beispielsweise der Winter 2011/12 zunächst sehr mild. Doch dann stürzte das Thermometer Anfang Februar 2012 auf unter −20 °C, um dort für drei Wochen zu verharren. Die Bienen, die zuvor gebrütet hatten, wurden in ihrer Entwicklung empfindlich zurückgeworfen und starteten daraufhin schwach in die Saison. 2012/13 folgte ein sehr langer Winter, der sich mit Schneefällen bis weit in den März hinzog. Auch dieses Bienenjahr litt unter der vom Winter verursachten Entwicklungsverzögerung.

In all diesen Fällen und Situationen ist warmes Überwintern die richtige Möglichkeit, um Bienen gut durch den Winter zu bringen und mit schlagkräftigen Völkern in die neue Saison zu starten.

Beachten Sie diese Grundlagen

Es gibt eine Vielzahl verschiedener Möglichkeiten, um Bienen warm zu überwintern: Mieten, einfache Bauwerke und frostfreie Keller. Unabhängig davon, für welche Methode Sie sich entscheiden, bei allen sollten Sie einige Grundregeln beachten.

Bienen, die kalt überwintern, werden nach dem Auffüttern und der Behandlung gegen die Varroamilben sich selbst überlassen. Das ist beim warmen Überwintern anders, weil die Bienenvölker ins Winterlager gebracht werden. Die warme Einwinterung beginnt, sobald die Bienen aufgrund der sich abkühlenden Temperaturen nicht mehr fliegen. Sie können die Bienen bereits nach dem voraussichtlich letzten Flugtag, also ab Mitte/Ende November, ins Winterquartier stellen. Viele Imker planen indes für den Dezember noch eine Restentmilbung. Es reicht, wenn Sie die Bienenvölker erst danach umsetzen. Warten Sie, bis die Temperaturen auch tagsüber unter 0 °C bleiben.

Ideale Temperatur

Am besten überwintern die Bienen bei +4 bis +6 °C, also bei einer Temperatur, die man in der Regel im Winter draußen nicht erreicht. Dort brauchen die Bienenvölker eine Isolation im oder unter dem Deckel. Diese ist im Winter besonders notwenig, um die Bienen von oben warm zu halten und die Bildung von Kondenswasser einzuschränken.

Für die warme Überwinterung ist eine solche dicke Isolation nicht notwendig. Besteht der Deckel aus einer laminierten Siebdruckplatte, so kann im Winterlager auf eine weitere Isolation verzichtet werden. Trotzdem ist sie sinnvoll, denn spätestens, wenn die Bienen aus dem Winterlager befreit werden und die Temperatur vor allem in der Nacht sinkt, muss der Deckel von innen gedämmt werden.

Schutz vor Mäusen

Bedenken Sie, dass es auch Spitzmäuse warm und trocken mögen. Daher ist es wichtig, dass Sie bei jeder Form der warmen Überwinterung die Böden gegen das Eindringen von außen schützen, denn die Vorräte und die Bienen kommen den Kleinsäugern als Futter sehr gelegen. Den Schutz vor Mäusen erreichen Sie am besten durch ein Drahtgewebe mit der Maschengröße 6–8 Millimeter. Mit 6 mm-Gewebe wehren Sie auch die kleineren Spitzmäuse ab (siehe Kap. „Bausteine einer erfolgreichen Überwinterung", S. 26). Eine Bezugsadresse finden Sie im Serviceteil.

Falls Ihre Beuten einen Boden mit einem Varroagitter aus Kunststoff besitzen, sollten Sie auch dieses gegen das Eindringen von Mäusen schützen. Sie fressen mitunter kreisrunde Löcher in die Kunststoffgitter, um so in das Beuteninnere zu gelangen.

Fluglöcher öffnen

Lassen Sie bei der warmen Überwinterung die Fluglöcher grundsätzlich offen. Sie können die Beuten stapeln und eng zusammenstellen. Lassen Sie aber vor den Fluglöchern mindestens zehn Zentimeter frei, sodass die Bienen aus den Beuten krabbeln können. Während des ganzen Winters verlassen Bienen zum Sterben die Beute. Beim kalten Überwintern am Sommerstand werden diese von den Meisen aufgepickt. Beim warmen Überwintern verenden sie in den Gassen zwischen den Beutenreihen.

Wenn am Sommerstand frei aufgestellte Bienenvölker ihren Reinigungsflug unternehmen, können die warm überwinterten Bienen weiter im Winterlager bleiben. Der beste Zeitpunkt, sie aus ihrer Haft zu befreien, ist der Blühbeginn der Saalweide. Sind die Bienen jedoch schon vorher nervös, laufen sie im Winterlager unruhig auf den Flugbrettern hin und her. Dann ist es sinnvoll, sie schon etwas früher fliegen zu lassen. Der beste Zeitpunkt ist der frühe Vormittag oder der späte Nachmittag, wenn die Temperaturen kühl sind und die Bienen nicht fliegen. So vermeiden Sie, dass die Bienen schon während des Transportes zum Sommerstand ausfliegen. Ist das Wetter aber bereits

> **Tipp**
> Es reicht für den Mäuseschutz, wenn Sie die Beuten, die direkt auf dem Boden stehen, mit Gittern versehen. Beuten, die darüber gestapelt sind, werden von den Spitzmäusen nicht als mögliche Futterquelle erkannt.

so warm, dass die Bienen auch früh oder spät fliegen würden, müssen die Fluglöcher noch im Winterlager verschlossen werden. Dann stellen Sie die Völker am vorgesehenen Platz auf. Erst wenn alle Völker am neuen Platz stehen, öffnen Sie die Fluglöcher.

So überwintern Sie Bienenvölker in einer Miete

Eine einfache Möglichkeit, um Völker warm zu überwintern ist es, sie ähnlich wie Wurzelgemüse in einer Miete unterzubringen. Das kann am Sommerstand geschehen, das heißt, Sie müssen die Bienen nicht in ein anderswo gelegenes Winterlager bringen. Im stark kontinentalen Klima Osteuropas, bis weit nach Russland hinein, werden Bienenvölker „vermietet". Oft wird auch vom „Vergraben" der Völker gesprochen oder geschrieben.

Für kalte Winter

Bei uns lohnt sich dieses Verfahren in den meisten Fällen nicht. In sehr milden Wintern mit nur schwachen oder keinen Frösten, wie zum Beispiel im Winter 2013/14 kann Feuchtigkeit aus der Erde aufsteigen. Dann bildet sich in der Miete ein für die Bienen ungesundes feuchtes Klima. Bei Frost hingegen sind die Umweltbedingungen in der Miete für die Bienen ideal.

Eine Miete lohnt sich immer dann, wenn Sie keinen anderen geschützten Platz zur Verfügung haben und wenn Ihnen der Wetterbericht eine stabile winterliche Hochdruckwetterlage mit ständigem Zustrom polarer Kaltluft ankündigt. Dann kann auch bei uns das Thermometer wochenlang zweistellige Minustemperaturen anzeigen.

In dem Moment sind Sie froh, wenn Sie alles für eine Miete vorbereitet und das notwendige Material besorgt und gelagert haben.
1. Schritt: Bereiten Sie die Miete so vor, dass Sie eine flache Grube anlegen. Sie sollte ein bis fünf Spatenstiche tief ausgehoben werden. Für zehn Bienenvölker sollte sie so tief sein, dass Sie darin sechs Paletten, immer zwei gegenüber, ablegen können. Außerdem brauchen Sie:
- Vier Dachlatten,
- elf Schalbretter à drei Meter Länge,
- einen Rundballen Stroh, trockenes Laub oder Holzwolle,
- LKW-Plane, Bauplane oder Dachpappe.

2. Schritt: Decken Sie die Grube mit einer zehn Zentimeter hohen Lage Stroh oder trockenem Laub ab. Auch Kiefernnadeln sollen sich gut eignen. Legen Sie die Paletten aus und rütteln Sie diese etwas in

So überwintern Sie Bienenvölker in einer Miete   81

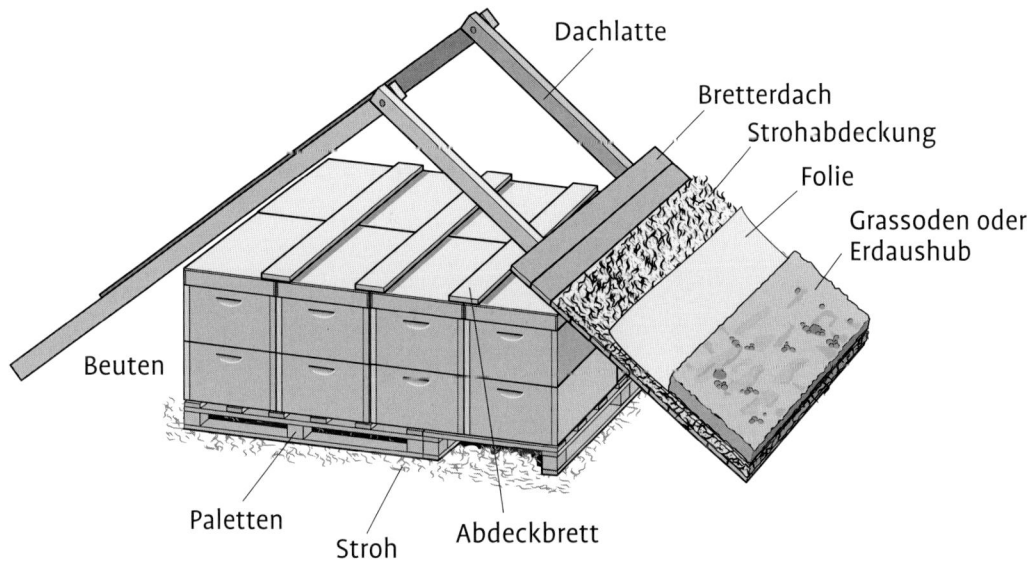

Miete

das Strohbett hinein. Stellen Sie dann die Beuten in zwei Reihen jeweils Flugloch gegenüber Flugloch auf die Paletten. Während die Beuten nebeneinander Wand an Wand stehen sollten, muss der Abstand zwischen den Fluglöchern mindestens zehn Zentimeter betragen. Manche Imker lassen sogar 70 Zentimeter Platz, um bei Bedarf in die Miete kriechen zu können. Nur, was wollen sie da? In der so beschriebenen Miete können Sie auch mehr Bienenvölker unterbringen, wenn Sie beispielsweise überwinternde Völker stapeln. Auf die Lücke zwischen den beiden Beutenreihen legen Sie ein Brett, damit kein Dämmmaterial in die Ritze fällt und die Ausgänge verschließt. Dann lehnen Sie je zwei Dachsparren an den beiden Enden der Beutenreihe so gegen die Beuten, dass sie ein Dreieck mit dem Boden bilden. Heften Sie die Stangen am Kreuzungspunkt zusammen. Sie bilden dann einen Giebel, wie Sie ihn von einem Satteldach kennen. Wenn Sie mehr Völker vermieten wollen, empfiehlt es sich, alle 1,5 bis 2 Meter die Dachlatten zu kreuzen.
3. Schritt: Nageln oder schrauben Sie nun Brett für Brett an die beiden Dachlatten, sodass ein Dach entsteht. Dann häufen Sie über die Bretter eine 50 Zentimeter dicke Schicht aus Stroh oder einem anderen Dämmmaterial. Anschließend legen Sie über die ganze Konstruktion eine Plane oder eine andere Abdeckung. An den Giebelseiten häufen Sie ebenfalls Dämmmaterial an und decken alles mit

Plane ab. Zum Schluss werfen Sie den Erdaushub auf den künstlichen Hügel, sofern dieser nicht durchgefroren ist. Sollte dies der Fall sein, müssen Sie die Miete mit trockenem Sand bewerfen. Fehlt es auch daran, empfiehlt es sich, die isolierende Strohschicht zehn Zentimeter dicker zu gestalten und die Plane ringsum mit Steinen zu beschweren.

Weitere Formen der Vermietung

Von dieser Grundform ausgehend, haben Imker zahlreiche einfachere Variationen entwickelt, die sich ebenfalls für die Überwinterung von Bienen eignen. Allen gemeinsam ist, dass sie auf gesonderte Belüftungseinrichtungen verzichten. Offensichtlich sorgt das trockene Stroh für ein angenehmes Klima in der Beute – sowohl bezüglich der Temperatur, als auch in Hinblick auf die Luftfeuchtigkeit.

- Die Beuten werden nicht mit den Fluglöchern gegenüber aufgestellt, sondern alle aneinander in einer Linie gereiht, wie dies oft am Wanderstand üblich ist. Stapeln Sie die Völker auch nicht. Über den Fluglöchern wird ein Brett so angebracht, dass ein Vordach wie bei einem Hauseingang entsteht. Dann wird über der Beutenreihe das Satteldach errichtet. Zwischen die Bretter und die Beuten wird jeweils Stroh gestopft. Nun wird auch deutlich, wozu das Vordach über den Fluglöchern dient: Es verhindert, dass Stroh die Eingänge verstopft. Auf diese Weise entsteht eine flache und niedrige Miete. Dann decken Sie die Reihe wie bei der Mieten-Grundform ab.
- Auf den Aushub einer Grube wird verzichtet. Stattdessen ziehen Sie einen 30 Zentimeter tiefen Graben rund um die Miete. Regen und Tauwasser läuft von der Miete ab und versickert unterhalb der Beuten im Boden, sodass diese stets trocken bleiben. Den Aushub werfen Sie auf die Miete.
- Auf die Folie wird verzichtet. Dafür wird Stroh oder anderes Dämmmaterial sowohl unter die Bretter gestopft als auch auf die

Gut zu wissen

Am wenigsten stören Sie Ihre Bienen, wenn Sie statt eines Hammers und Nägeln einen Akkuschrauber und Schrauben benutzten. Zur Zeit des Mietenbaus haben sich Ihre Tiere nämlich bereits zur Wintertraube zusammengezogen. Sie reagieren mit Unruhe auf die Schläge, die durch die Wucht des Hammers entstehen.

Bretter geschichtet. Dann decken Sie den künstlichen Hügel mit einer zehn Zentimeter dicken Schicht aus Erde zu.
- Auf das Satteldach aus Brettern wird verzichtet. Dazu werden die Beuten in zwei Reihen gegeneinander gestellt. Der Abstand sollte circa zehn Zentimeter betragen. Anschließend decken Sie die Lücke zwischen den Beutenreihen mit einem Brett ab. Nun begraben Sie die Beuten unter Stroh und formen daraus einen spitzen Hügel, sodass das Wasser später leicht abfließen kann. Decken Sie alles mit Folie ab oder dichten Sie die Konstruktion mit dem Aushub aus dem Entwässerungsgraben rund um die Miete ab.

> **Tipp**
> Eine geschraubte Miete lässt sich leichter demontieren und für den kommenden Winter einlagern als eine genagelte.

Überwinterung in einfachen Gebäuden

Wenn Ihnen unwohl bei dem Gedanken ist, Ihre Bienen unter einem Berg Stroh und Erde zu „begraben", können Sie Ihre Bienen auch in einem einfachen Bauwerk unterbringen. Vergessen Sie aber nicht, dass es möglicherweise baurechtliche Vorschriften gibt, die Sie beachten müssen. Erkundigen Sie sich beim Bauamt, bevor Sie Holz bestellen!

Ein Gartenschuppen

In Baumärkten können Sie einfache Gartenschuppen kaufen. Diese sind nicht gedämmt, daher sind sie auch nicht für die frostfreie Überwinterung von Bienen geeignet. Dafür muss es aufwendiger sein: Eine hochwertige Variante ist eine Hütte aus 12 bis 15 Zentimeter dicken Holzplanken, die in der Art einer Blockhütte erstellt wird. Preiswerter fahren Sie mit einer Fachwerk-Ständerkonstruktion, die auf beiden Seiten mit einfachen Holzbrettern beplankt ist. Die Zwischenräume füllen Sie mit Dämmmaterial. Achten Sie darauf, dass auch das Dach gedämmt sein muss. In der Regel werden Sie solche Gebäude nicht ohne die Hilfe eines Zimmermanns errichten können. Dies gilt besonders dann, wenn noch Fenster und Türen zur Ausstattung gehören sollen. Das ist empfehlenswert, wenn Sie das Bauwerk nicht nur zur Überwinterung, sondern auch als Lagerraum zum Beispiel für ausgeschleuderte Honigräume verwenden wollen.

Selbst gebaut

Doch es geht auch viel, viel einfacher! Kaufen Sie immer paarweise vier bis fünf Zentimeter dicke und 2,5 Meter lange Bohlen und stellen Sie diese flach und schräg gegeneinander, sodass ein Stück Dach ent-

> **Gut zu wissen**
>
> Je dicker die Erdschicht, desto besser ist die Isolationswirkung. Ziehen Sie einen Fachmann, wie beispielsweise einen Zimmermann oder Bauingenieur, zu Rate. Auf einem solchen Dach lasten 100 kg/qm. Je größer das Bauwerk ausfällt, desto wichtiger wird eine stabile Unterkonstruktion, welche das Dach trägt.

steht. Verbinden Sie die Bohlen am Stoß und an den Seiten mit Montage-Lochband, Schrauben oder Nägeln, sodass die Konstruktion solide steht. Dämmen Sie die Bohlen, indem Sie das Dach mit einer dicken Schicht Stroh bedecken. Werfen Sie auf das Stroh eine 20 Zentimeter dicke Erdschicht. Die Erde gewinnen Sie, indem Sie rings um den Bau einen Graben ziehen, der das vom Dach laufende Wasser ableitet.

Mit einigen Modifikationen können Sie den Bau aber auch so errichten, dass er Ihnen jahrelang gute Dienste leistet. Dazu legen Sie ein einfaches Ringfundament an, auf dem Sie über einer Sperrschicht aus Dachpappe das Bohlendach errichten. Dichten Sie das Dach mit Teichfolie oder – besser – mit einer für die Dachbegrünungen geeigneten Noppenfolie ab. Bedecken Sie das Dach mit einer Erdschicht und bepflanzen Sie diese. Den frostfreien Effekt verstärken Sie noch, indem Sie das Innere des Bauwerks drei bis fünf Spatenstiche tief ausgraben. Ihr Bienenschutzbau ähnelt auf diese Weise einem sogenannten Erdhaus, das den Menschen in der Jungsteinzeit Schutz vor Wetter und Frost bot. Es weist eine für die Bienen ideale Luftfeuchtigkeit von 50 % auf, und ist ein frostfreier Standort im Winter.

Überwinterung im Bauwagen

Gebrauchte Bauwagen gibt es ab 1.000 Euro zu kaufen. Sie sind gedämmt, lassen sich problemlos ans Stromnetz anschließen und können durch Fensterläden verdunkelt werden. Bauwagen benötigen außerdem keine Baugenehmigung. Sie sind also eine gute Alternative, wenn Sie keinen Keller haben oder über keine Möglichkeit verfügen, die Bienen in Einfachbauten oder Mieten unterzubringen. Allerdings sind Bauwagen nicht frostfrei und die Temperatur schwankt in ihnen stärker als in den anderen Bauten. Das hängt damit zusammen, dass Bauwagen keinen Kontakt zur frostfreien Erde haben und daher auskühlen und durchfrieren können. Das muss kein Hinderungsgrund sein, zumal die früher genutzten Bienenwagen nichts anderes als umgebaute Bauwagen waren.

Dämmung

Dämmen Sie die Fenster zusätzlich mit Weichfaser- oder Styroporplatten. Dann können Sie den Bauwagen beladen. Bei einzargiger Überwinterung können Sie fünf Völker übereinander stapeln. Insgesamt bringen Sie in einem Fünf-Meter-Bauwagen 100 Völker unter. Wichtig ist eine gute Belüftung, die Sie erreichen, indem Sie den Lüftungsschieber, der sich direkt unter einem der Giebel befindet, bis zum Anschlag öffnen. Um das Durchfrieren zu verhindern, reicht ein einfacher Frostwächter. Das ist ein kleines Heizgerät, das in unbewohnten Bauwerken dazu dient, das Platzen von Leitungen bei Frost zu verhindern. Am wirkungsvollsten arbeiten sie, wenn Sie zwischen Frostwärmer und Steckdose einen digitalen Thermostat schalten und diesen so einstellen, dass er in dem für die Überwinterung idealen Temperaturbereich von +4 bis +6 °C arbeitet.

Bringen Sie Ihre Völker im Keller gut durch den Winter

In den kalten Gegenden Kanadas und der USA bringen die Imker ihre Bienenvölker im Winter in gleichmäßig kühle Keller. Das warme Überwintern von Bienen ist dort gängige imkerliche Praxis. In diesen Regionen fliegen die Bienen bis Anfang November und die Imker müssen mitunter bis Ende April warten, um ihre Tiere wieder zu sehen. Das heißt: Die Bienen können vier bis sechs Monate nicht ausfliegen.

Die warme Überwinterung gilt als einfachere Alternative zum warmen Einpacken der Bienen – sofern ein frostfreier und trockener Keller vorhanden ist, in dem die Bienen vor extremen Temperaturen geschützt, überwintern können.

Die Bienen werden dort warm überwintert, weil die Methode den Futterverbrauch reduziert. Das mindert den Druck auf den Darm. Dazu passt, dass die Imker alles vermeiden, was den Darm belasten könnte. Sie achten deshalb auf eine gute Futterqualität. Großimkereien nutzen für die warme Überwinterung speziell für diesen Zweck errichtete Hallen. Mittlere Imkerein nutzen einen Kellerraum aus Beton, über dem ein Gebäude mit den Arbeitsräumen der Imkerei, zum Beispiel mit dem Schleuderraum und der Werkstatt gebaut ist. Der Bienenkeller befindet sich dabei zur Gänze frostfrei unter dem

Erdboden. Um das Eindringen von Kälte zu vermeiden, sind die Türen des Kellers nach draußen entweder besonders gut isoliert oder es gibt eine Art Schleuse mit zwei Türen und einem Vorraum.

Feuchtigkeit

Um die Feuchtigkeit abzuleiten, die die eng beieinander stehenden Bienenvölker produzieren, hat der Bienenkeller einen kaminartigen Abzug. Diese Belüftung ist deshalb notwendig, weil die Bienen durch das Verstoffwechseln des Honigs große Mengen Wasser produzieren. Kann die Luft im Keller keine Feuchtigkeit mehr aufnehmen, dann beginnt diese in der Beute zu kondensieren. Das kann die Gesundheit der Bienen beinträchtigen. Am gesündesten ist eine mittlere Luftfeuchtigkeit von rund 50 % für die Tiere. Dabei schadet eine Spanne von 40 % bis 60 % den Bienen nicht. Sogar kurze Perioden von unter 30 % oder über 80 % Luftfeuchte verkraften die Völker mitunter.

Allerdings ist große Trockenheit schädlich für die Bienen. Durstnot entsteht jedoch nur selten. Am ehesten leiden die Bienen, wenn sie mit ungeeignetem Futter gefüttert werden und dieses auskristallisiert. Dann brauchen die Bienen mehr Wasser als an Kondenswasser anfällt, um die Futtervorräte verarbeiten zu können. Ein Boden aus Erdreich ist bei Austrocknungsgefahr besser geeignet als ein Keller mit Zementboden.

Ideale Temperaturen

Ihr Bienenkeller sollte nicht zu warm sein. Temperaturen über 7 °C verleiten die Bienen dazu, die Wintertraube aufzulösen. Sie werden besonders gegen Ende des Winters ruhelos und verbrauchen mehr Futter. Bei ungeeignetem Bienenfutter (Heide- oder Blatthonig) können Bienenverluste eintreten. In einem solchen Fall ist eine zu warme Überwinterung kontraproduktiv. Überwachen Sie die Temperatur und die Feuchtigkeit im Keller. Im Elektronikfachhandel gibt es soge-

Gut zu wissen

In den meisten Fällen lohnt es sich nicht einmal für Großimkereien, Hallen oder Keller speziell für die Überwinterung zu erbauen. Es wird genutzt, was schon da ist. Neigt Ihr Keller zur Trockenheit, sollten Sie ein Kellerfenster einen Spalt öffnen. Die nun sinkende Temperatur im Keller fördert die Kondensation von Wasser in den Beuten und liefert den Bienen das notwendige Nass.

> **Gut zu wissen**
>
> Sie können einen Kellerraum nutzen, ohne die Bienen durch grelles Licht aufzuscheuchen, indem Sie eine Birne mit rotem Licht in die Fassung drehen. Bienen können nämlich das rote Licht, anders als wir Menschen, nicht sehen und werden daher durch das Anschalten nicht gestört.

nannte Wetterstationen, die neben der Luftfeuchtigkeit auch die höchste und tiefste Temperatur anzeigen. Die Temperaturen zeigt Ihnen ein digitales Minimax-Thermometer an. Bringen Sie den Fühler der Wetterstation oder des Thermometers in mittlerer Höhe an. Machen Sie sich aber bewusst, dass die dort gemessene Temperatur nur einen mittleren Wert anzeigt, denn im Bienenkeller sind die Temperaturen unter der Decke oft mehrere Grade höher als in Fußbodenhöhe.

Im eigenen Keller

Bienenvölker können auch im Hauskeller überwintert werden. Rücken Sie die Bienen an die Innenseite der Außenwände. Die Methode eignet sich am besten für kleinere Bienenstände oder für die Jungvölker. Sie sollten die Tiere nie im Heizungskeller unterbringen. Stellen Sie die Beuten besser in einen unbeheizten Nebenraum. Dabei kann die Tür geöffnet bleiben, denn die Verbrennung

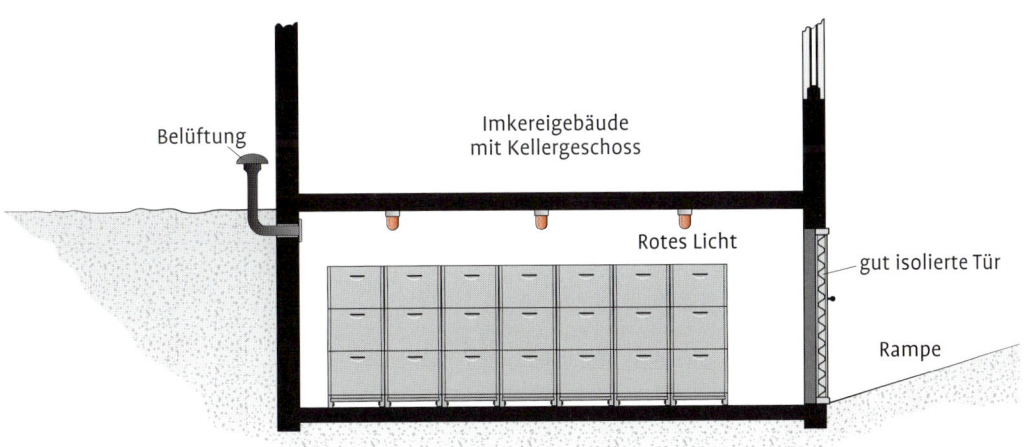

Kellerüberwinterung

in der Zentralheizung sorgt für eine ausreichende Luftumwälzung im Keller. Beginnen die Temperaturen im Frühjahr auch in diesem Kellerraum zu klettern, und es ist noch zu früh, um die Bienen ins Freie zu tragen, schließen Sie am besten die Tür und öffnen das Fenster einen Spalt, sodass die Temperatur kühl bleibt und die Bienen nicht aus der Beute krabbeln.

Reinigungsflug – das große Erwachen

Spätestens beim Reinigungsflug ab Mitte Februar zeigt sich, welche Bienenvölker gut durch den Winter gekommen und welche auf der Strecke geblieben sind. Bei den toten Kolonien sollten Sie sich als verantwortungsvoller Imker einen Überblick verschaffen, welche Ursachen für das Bienensterben infrage kommen. Wenn Sie die Ursache richtig erkennen, dann können Sie daraus für die kommenden Jahre lernen.

Ein Wort zum Trost zuvor

Es gibt Imker, die können sich darüber freuen, dass ihre Völkerverluste dauerhaft unter 10 % bleiben. Wer jedoch bei deren Völkern in die Böden blickt, der kann auch dort tote Bienen sehen. Denn bei vielen einzelnen Bienenindividuen erlischt in der dunklen Jahreszeit das Lebenslicht. Das ist völlig normal, denn das ganze Jahr hindurch gibt es Bienen, die das Ende ihres Lebenszyklus erreicht haben. Im Winter können Sie im Schnee vor den Fluglöchern tote Bienen liegen sehen. Das sind Bienen, die mit letzter Kraft ausgeflogen sind. Entweder die Meisen picken sie auf, oder neuer, frisch gefallener Schnee deckt sie mit einem weißen Leichentuch zu.

    Untersuchungen haben ergeben, dass die während des Winters eingegangenen Bienen in einem schlechteren Zustand waren als die Bienen in der Wintertraube. Häufig waren sie höher mit den Sporen der Durchfallerkrankung Nosema belastet. Oft waren die Fettkörper kleiner und es befanden sich weniger Pollenvorräte in ihnen als in den gesunden, noch lebenden Bienen in der Wintertraube. Das spricht dafür, dass sie entweder am Ende ihres Lebenszyklus waren oder empfindlicher auf die sich veränderten Mikroklimabedingungen in der Wintertraube reagiert haben.

Wann sich die erste Durchsicht empfiehlt

Am besten nutzen Sie einen milden Tag nach dem Reinigungsflug für die erste Durchsicht der Bienen. Die Temperatur sollte bei 15 °C liegen. Bienenvölker, die es trotz aller Bemühungen nicht durch den

Winter geschafft haben, räumen Sie ab. Stellen Sie die Waben für das Ausschmelzen zur Seite. Dunkle Waben mit Futterresten wandern ebenso in den Schmelzer wie die Waben, auf denen noch Bienenleichen zu finden sind.

Sofern Sie zweiräumig überwintern, ist es jetzt Zeit, die untere Zarge wegzunehmen und die obere direkt auf den Boden zu stellen. Zweizargig überwinterte Völker sitzen am Ende des Winters in der Zarge unter dem Deckel. Sie haben sich durch den Futterkranz nach oben gefressen. Die untere Zarge wird nicht mehr gebraucht. Nutzen Sie die Zeit für den Wabenwechsel! Dazu stellen Sie die obere Zarge zur Seite, beispielsweise auf den umgedrehten Deckel. Nehmen Sie die untere Zarge vom Boden weg. Diese können Sie komplett einschmelzen. Im Boden finden Sie das Gemüll mit den im Winter gestorbenen Insekten, sofern die Bienen sie noch nicht nach draußen transportiert haben. Kippen Sie den Boden aus und kratzen Sie die festgeklebten Bienenleichen mit dem Stockmeißel ab. Dann setzen Sie die obere Zarge auf den Boden. Wenn Mitte/Ende April die Völker so stark sind, dass sie erweitert werden können, setzen Sie eine neue Zarge mit Mittelwänden oben drauf.

Erweiterung

Bei manchen Betriebsweisen wird generell nach unten erweitert. Schließlich bauen die Bienen auch in der Natur die Wabe von oben nach unten. Es ist also beides möglich.

Kotblase

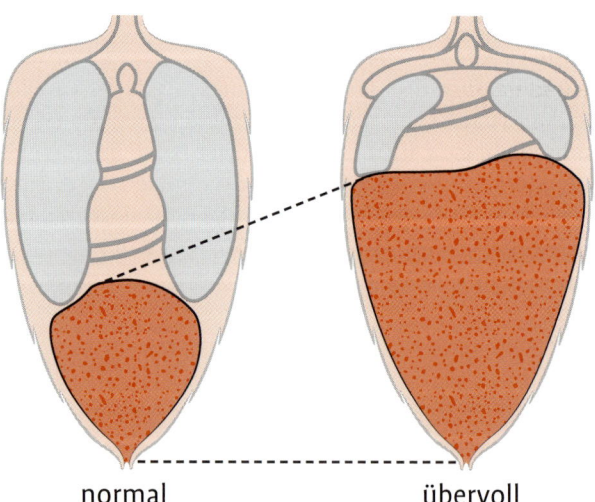

normal   übervoll

So retten Sie weisellose Einheiten

Bei der Durchsicht werden Sie immer wieder auf Völker stoßen, die zwar geschwächt, aber lebend durch die kalte Jahreszeit gekommen sind. Das trifft auf Völker ohne Königin oder solche zu, die drohnenbrütig geworden sind. So lange sich noch lebende Bienen in den Wabengassen tummeln, gelten diese Einheiten nicht als Winterverluste. Sie können auch dafür sorgen, dass es nicht so weit kommt.

Vereinigen Sie die weisellosen Kolonien mit intakten Völkern. Das können auch kleine Einheiten sein. Sie sollten nur eine stiftende, d. h. eierlegende Königin besitzen. Setzen Sie dazu das drohnenbrütige Volk einfach auf das Volk mit der Königin. Die Vereinigung klappt in der Regel vorzüglich. Zeitungspapier oder stark duftenden Thymiangeist, den Imker während der Saison für die Vereinigung benutzen, brauchen Sie jetzt noch nicht. Ebenso unnötig ist es, die Waben des weisellosen Volkes vor dem Flugloch des weiselrichtigen Volkes abzufegen.

Sie können sogar weiselrichtige Kleinvölker mit ihrer jungen Königin mit einem weitaus mehr Bienen zählenden weisellosen Volk vereinigen. Die Afterweiseln der drohnenbrütigen Einheit akzeptieren die vollwertige Königin als neue Regentin. Es kommt nicht zu Beißereien.

Wie Sie schwache Völker stärken

Bienenvölker, die mit vier oder weniger bienenbesetzten Waben aus dem Winter kommen, sind in der Regel so schwach, dass Sie diese erst in der Spättracht voll nutzen können. Solchen Schwächlingen helfen Sie, indem Sie diese auf starke Völker setzen. So dämpfen Sie bei den starken Völkern den Schwarmtrieb und dem schwachen Bienenvolk führen Sie viele leistungsfähige Bienen zu. Dabei reicht es bereits, wenn der Schwächling nur aus einer Königin und einer Handvoll Bienen besteht. Mit einem mittelstarken Volk können Sie den Schwächling so allerdings nicht aufpäppeln. Das Verfahren funktioniert nur bei einem deutlichen Unterschied in der Volksstärke. Gehen Sie dabei in diesen fünf Schritten vor.

1. Schritt: Prüfen Sie, ob der Schwächling eine intakte Königin hat. Das erkennen Sie an der verdeckelten Arbeiterinnenbrut. Sehen Sie nur Stifte, dann prüfen Sie, ob diese ordentlich und gerade am Zellenboden stehen oder liegen. Ist das nicht der Fall, dann ist das Volk drohnenbrütig. Auch dieses können Sie aufsetzen und auf diese Weise mit einer anderen Kolonie vereinigen.

> **Gut zu wissen**
>
> Sie können beide Völker auch über die fünf Wochen hinaus übereinander stehen lassen. Setzen Sie dann den Honigraum auf und imkern Sie, als hätten Sie es nur mit einer Einheit zu tun. Diese Methode wird als Zwei-Königinnen-Betriebsweise bezeichnet.

2. Schritt: Hat der Schwächling mehr als zwei oder drei Waben voller Futter, dann entnehmen Sie alle übrigen. Diese können Sie sehr gut zur Bildung von jungen Völkern während der Vermehrungssaison verwenden. Füllen Sie die frei gewordenen Stellen mit ausgebauten Waben oder Mittelwänden.

3. Schritt: Oft sitzt das Brutnest des schwächeren Volkes in einer Ecke des Kastens. Ordnen Sie den Bienensitz neu. Ziehen Sie dazu Waben und rücken Sie das Brutnest so in der Beute zurecht, dass die Wärme des starken Volkes von unten in das Brutnest des schwächeren und oben aufgesetzten Volkes ausstrahlt.

4. Schritt: Setzen Sie den Schwächling über einem Absperrgitter auf das starke Volk. Sie brauchen kein Deckelflugloch zu öffnen. Beide Bienenvölker fliegen durch die gleiche Öffnung ein und aus. Lassen Sie die Bienenvölker mindestens vier höchstens sechs Wochen so übereinander stehen.

5. Schritt: Nach Ablauf dieser Zeit prüfen Sie, ob beide Königinnen noch leben. In der Regel ist dies der Fall. Beide Königinnen legen Eier. Nun trennen Sie die Kolonien wieder voneinander, indem Sie das untere, ehemals stärkere Volk auf einen neuen Boden stellen. Das obere, ehemals schwächere Volk bleibt am Standort. Es wird auf den Beutenboden gestellt, sodass es alle Flugbienen erhält. Beide Einheiten können nun mit einem zweiten Brutraum oder – je nach Betriebsweise – auch mit einem Honigraum erweitert werden.

Dämpfung der Schwarmneigung

Durch die zeitweise Vereinigung der beiden Völker erreichen Sie, dass beim starken Volk die Schwarmneigung gedämpft wird. Die schwache Einheit erhält zusätzliche Bienen von unten, sodass sie sich schneller entwickelt. Diese Arbeitsschritte können Sie bis zur zweiten Märzhälfte vornehmen.

Jetzt haben Sie mehrere Möglichkeiten: Sie können die beiden Völker vor Trachtbeginn trennen. Sie können die zwei Einheiten aber auch länger übereinander stehen lassen und eine Zwei-Königinnen-

Betriebsweise versuchen. Oder Sie machen es ganz anders, indem Sie die schwächere Einheit ohne Absperrgitter auf die stärkere aufsetzen und dort belassen. Die beiden Königinnen kooperieren und gewöhnen sich aneinander. Auf diese Weise entsteht ein sehr kräftiges Volk. In den meisten Fällen ist aber in der Haupttracht, wenn sich die beiden Brutnester immer weiter annähern, nur noch Platz für eine Königin. Gelegentlich sind beide Weiseln sogar im Herbst noch da.

Ermitteln Sie die Futtervorräte

Nach dem Reinigungsflug brauchen normal entwickelte Bienenvölker noch bis zu acht Kilogramm Winterfutter. Daher ist es so wichtig, dass Sie Anfang Februar die Futtervorräte prüfen. Bei Magazinen geht das ganz einfach ohne die Bienen zu stören. Heben Sie dazu die Beuten von hinten an. Viele Imker wagen außerdem einen Blick unter die Folie. Wenn noch verdeckeltes Futter zu erkennen ist, besteht keine unmittelbare Gefahr des Verhungerns. Gegebenenfalls wird diese Futterkontrolle wöchentlich oder 14-tägig wiederholt. Einfacher geht es, indem Sie das leichteste Volk an Ihrem Stand durch Anheben ermitteln. Öffnen Sie dieses Volk und begutachten Sie dort die Futtervorräte. Ist alles in Ordnung, brauchen Sie sich um die anderen nicht weiter zu sorgen. Sie können die Futtervorräte auch schätzen. Dazu entnehmen Sie die Futterrähmchen und beurteilen die Vorräte.

Soviel brauchen Sie

Eine auf beiden Seiten gut gefüllte Zander-Wabe enthält circa 2,5 Kilogramm Futter. Dabei entfallen auf jede halbe Wabenseite also rund 600 Gramm. Bei einem Futterbedarf starker Völker von bis zu 8 Kilogramm von Februar bis April sollten also mindestens drei volle Futterwaben als Vorrat vorhanden sein.

So retten Sie Ihre Bienen vor dem Hungertod

Wenn Sie feststellen, dass die Bienen vor dem Einsetzen der Frühtracht (Ahorn, Obst, Raps) unterversorgt sind, dann ist eine Notfütterung dringend notwendig. Dabei ist es wichtig, dass Sie dieses Futter nah am Brutnest anbieten. Folgende bewährte Methoden stehen Ihnen dabei zur Verfügung. Bitte beachten Sie, dass sich diese

> **Tipp**
> Einzargige Völker sind leichter zu füttern.

Hinweise auf einzargige Völker beziehen. Sie sind am einfachsten zu füttern.

- Sie können das Futter von oben in einer Leerzarge in einem großen Konservenglas (beispielsweise einem Gurkenglas) direkt über der Bienentraube anbieten. Dazu schlagen Sie mit einem Nagel einige circa zwei Millimeter große Löcher in die Mitte des Twist-off-Deckels. Füllen Sie das Glas mit 1:1 Zuckerlösung oder mit Honigwasser. Drehen Sie das Glas um und stellen Sie es auf zwei kleine Holzleisten, sodass sich die Tropfen an den Löchern im Deckel direkt über der Bienentraube bilden können. Stellen Sie das Glas niemals direkt auf die Oberträger. Durch die Kapilarwirkung würde das Glas auslaufen. Den gleichen Effekt würden Sie erzielen, wenn die Löcher im Deckel direkt von den Leistchen verdeckt werden. Daher ist es so sinnvoll, die Löcher immer in die Mitte des Deckels einzuschlagen.
- Entfernen Sie zwei Waben neben dem Brutnest und schaffen Sie so Platz für ein Tetrapak. Füllen Sie dieses mit einer Schwimmhilfe (beispielsweise mit Korken oder Stroh) und gießen Sie das Futter hinein.
- Ein einzargiges Volk können Sie auch gut von unten füttern. Dazu stellen Sie eine flache, mit einer Schwimmhilfe und Zuckerwasser gefüllte Schale in den Boden. Die Wintertraube senkt sich auf die Futterschale hinab und nimmt rund ein Kilogramm Futter pro Tag auf.
- Sehr gut funktionieren auch mit Zuckerwasser gefüllte Ziplock®-Gefrierbeutel. Diese Beutel haben einen luftdicht schließenden Druckverschluss. Sie sehen aus wie flache Kissen. Füllen Sie die Beutel zu 2/3 mit warmem Flüssigfutter. Drücken Sie die Luft heraus und verschließen Sie die Beutel. Nun können Sie die Beutel in einer Leerzarge auf die Rähmchen oberhalb der Bienentraube legen. Mit einer Nadel stechen Sie einige Löcher in die Oberseite der Beutel. Es fließt etwas Futter aus, das die Bienen von unten anlockt. Die Bienen nehmen innerhalb von einem Tag rund ein Kilogramm der süßen Flüssigkeit auf.

> **Gut zu wissen**
> Füttern Sie zweizargige Völker am besten von oben. Eine Fütterung von unten, also im Boden, funktioniert hier schlecht, weil den Insekten der Weg zu weit ist. Sie finden das Futter nicht.

Turbo-Bienen durch Frühjahrsreizung?

Nach der langen Winterzeit und in Anbetracht der nun rasch herannahenden Frühtracht, ist es nur zu verständlich, dass viele Imker nach dem Reinigungsflug den Aufschwung in ihren Bienenvölkern unterstützen möchten. Während die Fütterung der Abwehr einer Notsituation dient, sollen sich die Bienen durch die Reizung schneller und besser entwickeln, als es die Saison anzeigt. Das heißt vor allem, dass die Bienen ein größeres Brutnest anlegen und damit bei Trachtbeginn eine starke, sammelfreudige Kolonie bilden. Die Bienen sollen also möglichst nahtlos und zügig vom Winter- in ein Sommervolk umgestellt werden.

Manche Imker reizen ihre Bienen durch eine Fütterung mit sehr dünnem Flüssigfutter. Es wird in einer offenen Tränke außerhalb des Bienenstandes angeboten. Nur im zeitigen Frühjahr ist diese Methode vertretbar, denn die Bienen fliegen noch nicht weit und neigen nicht zur Räuberei. Allerdings sollte die Lösung sehr dünn sein. Gewöhnlich besteht die Lösung aus fünf bis zehn Teilen Wasser und einem Teil Zucker.

Für die klassische Frühjahrsreizung werden die Bienen aber in den Beuten gefüttert. Dazu kommen die gleichen Futtergeschirre wie bei der Winterfütterung zum Einsatz. Diese Futtergaben sind aber unter Imkern aus gutem Grund ein umstrittenes Verfahren. Nicht jede Methode verspricht den erwarteten Erfolg. Manche Verfahren können auch kontraproduktiv wirken. So verleitet die Reizung mit Zuckerfutter, wie sie für die Einfütterung genutzt wird (beispielsweise 1:1), die Bienen dazu, größere Brutnester anzulegen. Durch die Frühjahrsreizung geschieht dies in manchen Jahren bei Winterwetter. Die Winterbienen gehen rasch ab. Sinkt die Temperatur anschließend, verkühlen Teile der Brut. Sie stirbt ab und die Bienen werfen sie vor das Flugloch. So werden wertvolle Ressourcen verschwendet.

Tipp
Die Frühjahrsreizung birgt hohe Risiken und ist nicht zu empfehlen.

Nicht zu empfehlen

Unterlassen Sie die Frühjahrsreizung! Der Wechsel vom Winter- zum Sommervolk vollzieht sich auch ohne Zutun des Imkers problemlos. Er passiert, wenn die frühlingshaften Temperaturen die Bienen auf natürlichem Wege dazu anregen. Temperaturumschläge sind auch so schon schwierig genug für die Bienen zu verkraften.

Sichern Sie eine gute Versorgung mit Pollen

Trotzdem können Sie den Bienen bei der Entwicklung behilflich sein: Kümmern Sie sich um eine fluglochnahe Tränke und sorgen für eine gute Versorgung mit Pollen. Vorausschauende Imker haben daher rund um ihren Bienenstand pollenspendende Gewächse gepflanzt. Das sind besonders Weiden, die Anfang März ihre gelben Kätzchen ausbilden. Auch Krokusse in Beeten und im Rasen rund um den Bienenstand werden von den Insekten gerne beflogen. Vor der Weidenblüte oder dort, wo diese Pflanzen aufgrund von Trockenheit nicht gedeihen, empfiehlt sich bei Pollenmangel – und nur dann – die Fütterung mit Pollenersatzstoffen. Diese gibt es im Imkereifachhandel zu kaufen. Bewährt haben sich Nektarpoll® und Beefeed®. Diese Futtermittel enthalten entweder Sojamehl oder Bierhefe.

Höselmehl als Pollenersatz

Ob die Bienen den Ersatzstoff annehmen, hängt davon ab, wie Sie den Bienen dieses sogenannte Höselmehl anbieten. In der Imkerliteratur finden sich Bauanleitungen für Höselhäuschen, die aussehen wie ein mit Glas überdachtes Vogelhäuschen. Das Höselmehl wird in eine Wanne geschüttet, die von parallelen Holzstegen durchzogen ist, sodass die Bienen gut zum Pollenersatz gelangen und wieder herausfinden.

Achtung: Nicht immer ist der Pollenersatz gut verdaulich. Er kann den Bienen auch auf den Magen schlagen, sodass sie anfälliger für Nosema werden. Imker kombinierten daher die Pollenfütterung früher mit dem Einsatz von Fumagillin®.

Tipp
Pollenfütterung erhöht das Risiko an Nosema zu erkranken.

Im Eierkarton

Für die Einrichtung des Höselhäuschens haben sich Eierkartons bewährt. In die Vertiefungen für die Eier wird das Pollenersatzfutter sparsam gestreut. Die raue Oberfläche des Kartons gibt den Bienen genug Halt, sodass sie nicht in das Pulver fallen und ersticken.

Wie Sie aus Höselmehl einen Futterteig bereiten

Das eiweißhaltige Höselmehl kann auch zu Futterteig verarbeitet werden. Auf der Verpackung für das Höselmehl finden Sie die Rezepte für die Zubereitung. Falls dies nicht der Fall ist, bereiten Sie den Futterteig wie folgt zu: Verkneten Sie je einen Teil Puderzucker, Höselmehl und Honig zu einem festen Teig.

> **Gut zu wissen**
>
> Versuche haben gezeigt, dass die Frühjahrsreizung mit Pollenersatz kaum Vorteile gegenüber den Völkern, die nicht gereizt wurden, bringt. Die Bienen höseln diese Produkte nämlich nur so lange, bis sie genug natürlichen Pollen finden. Dann aber sammeln sie so viel Pollen, dass bereits früh im Jahr Pollenvorräte angelegt werden. So gibt es durch die Pollenersatzfütterung nur in echten Pollenmangelgebieten einen positiven Effekt.

Der Teig lässt sich leichter mischen, wenn Sie den Honig im Wasserbad verflüssigen oder erwärmen. Kneten Sie dann den Teig. Wenn er abgekühlt ist, hat er die richtige Konsistenz, um verfüttert zu werden.

Fütterung von Futterteig

Drücken Sie den Teig anschließend zu einem Fladen flach und legen Sie diesen zwischen zwei Folienstücke in den Bienenkasten auf die Oberträger. Eine andere Möglichkeit ist es, daraus auf einem mit Puderzucker bestäubten Backbrett mit den Handballen längliche Würste zu rollen. Diese können Sie dann über das Brutnest in die Wabengassen legen. Die Würste müssen dazu etwas breiter sein als die Abstände zwischen den Oberträgern, damit sie nicht in die Gassen fallen.

Wabenegge

Für alle Methoden mit Pollen- oder Zuckerreizung gilt, dass sie dem Imker mehr bringen als den Bienen: Er hat nämlich das Gefühl, etwas Gutes für seine Tiere getan zu haben. Die einfachste und wirkungsvollste Art der Reizung indes ist es, Futterwaben am Brutnestrand mit dem Stockmeißel etwas aufzuritzen. Im Imkereifachhandel wird dazu auch eine sogenannte „Wabenegge" angeboten, die wie eine Entdeckelungsgabel mit um 90 Grad abgebogenen Nadeln aussieht. Die aufgerissenen Waben veranlassen die Bienen dazu, das Futter umzutragen und dabei Teile davon zu fressen und zu verfüttern. Es wirkt wie eine erste Tracht.

Frühjahrsreizung mit Warmluft

Das Frühjahr liefert den Bienen nicht nur ein Angebot an frischem Pollen und neuem Nektar. Es bringt auch deutlich höhere und damit bienenfreundlichere Temperaturen als die kalte Jahreszeit. Daher können Sie die Bienen auch durch die Zufuhr von Wärme im Frühjahr reizen, indem Sie ihnen ein frühlingshafteres Klima vortäuschen. Unsere imkernden Vorväter legten dazu am Abend heiße Ziegelsteine in die Böden oder in die noch leeren Honigräume ihrer Bienenvölker. Heute macht das niemand mehr, doch es gibt von tüftelnden Imkern entwickelte Hilfsmittel wie elektrische Beutenheizungen.

Beutenheizungen

Alle Beutenheizungen werden wie andere Reizmethoden erst nach dem Reinigungsflug in Betrieb gesetzt. Sie unterstützen die Bienen bei ihrer Bruttätigkeit. Die Hersteller und viele Nutzer sind davon überzeugt, dass sich der Honigertrag auf diese Weise besonders aus der Frühtracht verdoppeln lässt. Am bekanntesten ist dabei das System von Willi Bosse aus der Altmarkt nahe Magdeburg (www.beutenheizung.de). Er tüftelt daran seit Ende der 1970er Jahre und hat ein Patent für die Beutenheizung angemeldet. Diese besteht aus einem mit Strom oder Solarenergie betriebenen Heizelement, das über einen Kanal von oben Wärme in die Beute leitet. Andere Systeme arbeiten mit einer Heizplatte, die in den Beutenboden gelegt wird und diesen abdichtet. Die Geräte verbrauchen zwischen sieben und 15 Watt/Stunde und kosten um die 100 Euro pro Stück.

Ihre Bienen brauchen Wasser

Jedes gut entwickelte Bienenvolk braucht pro Tag rund 200 ml Wasser zur Versorgung der sich entwickelnden Brut. Das entspricht der Menge, die in ein Wasserglas passt. Spätestens wenn die Witterung mehrere hintereinander folgende Flugtage erwarten lässt, sollte eine gute Wasserversorgung am Stand gesichert sein.

Viele Imker nutzen dafür beheizte Tränken. Das ist jedoch nicht notwendig, denn es wurden schon Bienen beobachtet, die sich an frisch getautem Eis labten, ohne „kalte Füße" zu bekommen. Das Wasser wird attraktiver, wenn Sie einen Teelöffel Salz auf zehn Liter Wasser geben.

Wassergaben sind umstritten

Folgt auf die schönen Flugtage Regenwetter oder verhindert eine Kälteperiode den Ausflug, unterstützen wohlmeinende Bienenväter ihre Tiere durch Wassergaben, die ihnen in flachen Schalen mit Schwimmhilfe im Beutenboden gereicht werden. Sie sollten direkt unter die Rähmchen platziert werden. Untergelegte Brettchen oder Kantholzstücke sorgen für einen möglichst geringen Abstand zu den Waben. Das Wasser wird gerne von den Bienen angenommen. Das zeigt, dass sie diese Bemühungen zu schätzen wissen. Allerdings sind solche unterstützenden Maßnahmen in der Imkerschaft umstritten. Gerhard Liebig hält generell alle Bienentränken in unseren Breiten für unnötig, da es stets ausreichend Wasser innerhalb des Flugkreises gibt. Allerdings schätzt es nicht jeder Ihrer Nachbarn, wenn dieser Flugkreis bis über den Gartenzaun reicht.

> **Tipp**
> Richten Sie eine für die Bienen attraktive Tränke ein. Sie vermag nicht jede Biene vom Ausschlürfen des nachbarlichen Teiches abzuhalten, aber sie zeigt Ihren guten Willen.

Und plötzlich sterben sie doch – am Akuten Bienen-Paralyse-Virus

So sieht ein imkerlicher Alptraum aus: Die Bienen kommen gut durch den Winter, legen ein über mehrere Waben gehendes Brutnest an. Alles scheint bestens zu sein. Doch plötzlich sterben die Bienen „wie die Fliegen" und innerhalb von zwei bis fünf Tagen ist das Bienenvolk abgestorben. Die Völker, die rechts und links daneben am Bienenstand stehen, gehen in den nächsten Tagen ab. Es sieht aus, als seien die Bienen vergiftet worden – indes die für Vergiftungen übliche raushängende Zunge fehlt. Stattdessen sitzen noch einige zitternde Bienen auf dem Flugbrett und dem lückigen Brutnest. Einzelne Brutzellen haben kleine Löcher und der entsetzte Imker tippt auf die Amerikanische Faulbrut. Er sticht mit einem angespitzten Streichholz in die Zellen mit der abgestorbenen Brut, doch es fehlt die für die Amerikanische Faulbrut typische fadenziehende Masse. Er schnuppert an den Waben, doch die riechen zwar nicht angenehm, doch sie stinken auch nicht.

Verbreitung durch Varroa

Was teilweise wie eine Vergiftung oder amerikanische Faulbrut aussieht, ist mit hoher Wahrscheinlichkeit eine Infektion mit dem Akuten Bienen-Paralyse-Virus (ABPV). Es verbreitet sich durch die Varroose. Der Erreger kommt vor allem in den Speicheldrüsen (Futteraufnahme!), im Fett- und im Nervengewebe (Cerebralganglion) vor –

> **Gut zu wissen**
>
> Da Akuten Bienen-Paralyse-Virus eine Folgeerkrankung der Varroose ist, bewahren Sie Ihre Bienen vor dem plötzlichen Akuten Bienen-Paralyse-Virus-Tod am besten, indem Sie wirkungsvoll gegen den Varroabefall behandeln. Schmelzen Sie die Brutwaben und alle verkoteten Waben aus den toten Völkern ein. Desinfizieren Sie die Böden und Zargen der Bienenwohnung, so wie es gute imkerliche Praxis ist.

daher das Zittern. Die Krankheit befällt die erwachsenen Bienen, weshalb sie innerhalb weniger Tage dahingerafft werden. Sie infizieren sich durch den Speichel der saugenden Varroamilbe, durch äußere Verletzungen, beispielsweise durch das im Außenskelett der Biene zurückbleibende Loch nach einem Varroa-Saugangriff sowie über das Futter.

Verbreitung

Erkrankte Bienen verbreiten das Virus aktiv, wenn sie Futter weitergeben. Erreger wurden auch in den Pollenhöschen nachgewiesen. Denn diese bestehen aus eingespeicheltem und damit virusverseuchtem Blütenstaub. Die Akuten Bienen-Paralyse-Virus-Erkrankung breitet sich am Stand aus, indem Akuten Bienen-Paralyse-Virus-befallene Bienen sich verfliegen. Zusammenbrechende Völker werden an warmen, aber trachtlosen Frühjahrstagen ausgeräubert, was die Infektion weiter verbreitet. Je mehr sich die Trachtsituation im Laufe des Frühjahrs verbessert, desto uninteressanter wird Räuberei und die Ausbreitung der Krankheit ist gestoppt.

Schützen Sie Ihre Bienen vor Dieben

Nicht nur der Bienentod reißt Lücken in Ihren Bienenbestand. Auch Langfinger haben es gerade im zeitigen Frühjahr auf überlebende Bienenvölker abgesehen. Als Mitglied einer der großen Imkerorganisationen (Deutscher Imkerbund, Deutscher Erwerbs- und Berufsimkerbund) sind Sie gegen Diebstahl von Bienen versichert. Um es gar nicht erst zu einem Versicherungsfall kommen zu lassen, haben Sie folgende Möglichkeiten, um Ihre Bienen vor Dieben zu schützen:

- Informieren Sie die Anwohner Ihres Bienenstandes, dass Bienen geklaut werden können und bitten Sie diese, auf verdäch-

tige Personen zu achten und eventuell deren Autonummern zu notieren.
- Sichern Sie den Bienenstand mit einem stabilen Zaun und einem Tor.
- Schrauben Sie die Böden Ihrer Beuten an der Auflage (zum Beispiel auf Paletten oder auf Balken) fest. Wenn der Dieb sieht, dass er die Völker nicht einfach verschnüren und aufladen kann, kommt er möglicherweise davon ab, seinen Vorsatz umzusetzen.
- Stellen Sie ein Schild mit dem Hinweis „Achtung Videoüberwachung" auf. Selbst wenn Sie (noch) keine Kamera installiert haben, wirken diese Worte abschreckend.
- Im Elektronik-Fachhandel gibt es kleine GPS-Sender, die in den Beuten (beispielsweise im Deckel oder Boden) versteckt werden können. So sichern Bieneninstitute ihre Stände. Im Frühjahr gestohlene Bienenvölker konnten so bereits wieder gefunden werden. Im Normalbetrieb (1 Meldung/Tag) reicht eine Batterieladung für drei bis vier Jahre.
- Überwachen Sie Ihren Bienenstand mit einer Wildkamera. Diese Geräte nutzen auch Jäger, um die Gewohnheiten von scheuem Wild auszukundschaften. Sie lösen aus, wenn sich im Beobachtungsfeld des Bewegungsmelders etwas regt. Ob es sich um Mensch oder Tier handelt – die Kamera macht keinen Unterschied und nimmt Fotos auf und speichert sie. Sie können Aufschluss darüber geben, wer Ihren Bienenstand betreten hat. Entsprechende Geräte werden inzwischen auch im Anzeigenteil der Imkerfachpresse angeboten.

Tipp
Nach § 6b Bundesdatenschutzgesetz können Sie Ihr eingezäuntes Bienengrundstück uneingeschränkt videoüberwachen.

Zum Schluss: Überwinterte Bienen zukaufen

Auf den vergangenen Seiten haben Sie erfahren, was notwendig ist, damit Ihre Bienen gut durch den Winter kommen. Sie haben die Gründe kennengelernt, aus denen es viele Völker nicht schaffen. Sie wissen nun, wie Sie Ihre Bienen erfolgreich am Sommerstand oder in einem Winterlager durch die kritischen Monate November bis März bringen.

Doch manches Mal gelingt es trotzdem nicht. Woran das liegt, wissen Sie nach der Lektüre der Kapitel 1 bis 6 inzwischen auch. Aber Sie kennen noch nicht die Möglichkeiten, wie Sie Ihren Bienenbestand im zeitigen Frühjahr wieder auffrischen. Natürlich können Sie Ihre Kolleginnen und Kollegen im Imkerverein nach überzähligen Bienenvölkern fragen. Vielen Imkern ist das aber peinlich, bedeutet es doch das Eingeständnis des eigenen „Versagens". Erfolgreiches Überwintern ist das Meisterstück in der Imkerei. Wer will sich da schon blamieren?

Daher finden Sie in jedem Frühjahr Anzeigen in der imkerlichen Fachpresse und auf den einschlägigen Seiten des Internets, in denen Bienenvölker angeboten werden. Lesen Sie zum Abschluss, was Sie beim Kauf von Bienen beachten sollten, um Freude an ihnen zu haben.

Wie und wo Sie die besten Bienenvölker finden

Es gibt eine klare Rangfolge, wo und bei wem Sie am besten Bienenvölker kaufen: Region – Bundesland – Deutschland – Europa. Diese Reihenfolge ist sinnvoll, weil Bienen innerhalb weniger Generationen regionale Typen herausbilden. Wie Sie in den vorangegangenen Kapiteln gelesen haben, wirken viele Einflussgrößen mit, damit Bienenvölker erfolgreich durch den Winter kommen. Das alles sind Auslesekriterien. Überlebende Bienenvölker sind besser als andere an ihre Umgebung angepasst. Außerdem lesen Imker die Völker für die Vermehrung aus, die am besten zu ihrem Standort passen. Stadtbienen sind beispielsweise im allgemeinen friedlicher als Bienen, die einsam und unbehelligt am Waldrand in der Landschaft stehen.

Besser regional

Wer Bienen aus anderen Regionen kauft, sollte sich dieser Unterschiede bewusst sein. Je unterschiedlicher Herkunftsstand und Zielstand sind, desto schwieriger ist die Haltung der Bienen in der Regel. Mehr noch: Bienen, die an ihrem Herkunftsstandort für eine bestimmte Eigenschaft geschätzt waren, können diese am neuen Standort verlieren. Das wurde zum Beispiel für das begehrte Merkmal „Varroatoleranz" festgestellt. Mit einer solchen Ernüchterung müssen Sie aber auch bei anderen Eigenschaften rechnen.

Daher finden Sie die besten Bienenvölker für Ihren Standort immer in der Nähe und nicht in weiter entfernten Regionen.

Bienenkauf ist Vertrauenssache

Jeder Verkäufer rühmt die Qualität seiner Ware. So werden Sie auch von verkaufswilligen Imkern umworben. Bienenkauf ist Vertrauenssache. Sie können aber das Risiko eines Fehlkaufs minimieren, wenn Sie die folgenden Punkte beachten.

- Lassen Sie sich das Varroabekämpfungskonzept für die Bienen erklären. Auf diese Weise erfahren Sie sehr viel über die Kompetenz des Imkers. Hatte er bei der Überwinterung seiner Bienen nur Glück oder versteht er sich in der Königsdisziplin Überwinterung?
- Beurteilen Sie den Charakter des Volkes beim Öffnen der Beute. Friedliche Völker brausen nicht auf und ziehen sich zurück, wenn der Imker etwas Rauch in die Gassen bläst. Stechlustige Bienen greifen hingegen sofort an und ändern ihr Verhalten kaum, wenn Sie Rauch geben.
- Achten Sie darauf, wie sich das Volk beim Umhängen der Waben verhält. Sanftmütige Bienen reagieren nicht darauf, wenn Sie eine Wabe aus der Bienenwohnung des Heimatstandes in eine Beute für den Bienentransport umhängen.
- Beurteilen Sie die Stärke des Bienenvolkes. Völker, die Sie im Frühjahr kaufen, sollten „aufsatzreif" sein. Das heißt, dass Sie entweder erweitert werden müssen oder bereits reif für den Honigraum sind. Lassen Sie sich nicht mit Formulierungen überreden wie: „Die füllen den Raum schon noch aus".
- Sind die Brutwaben hellbraun und haben unbebrütete, das heißt haben sie gelbe Ränder? Das spricht dafür, dass es sich um ein im vergangenen Jahr gebildetes und überwintertes Jungvolk handelt. Es gibt nämlich auch unter Imkern schwarze Schafe: Diese verkaufen alte Völker als junge.

- Schauen Sie sich das Brutnest genau an. Es sollte Brut in allen Stadien vorhanden sein. Die gedeckelte Brut darf möglichst wenig Lücken haben. Suchen Sie nach Stiften. Diese müssen in die Tausende gehen. Eine vitale Jungkönigin legt jeden Tag 2.000 Eier. Nach drei Tagen wird daraus eine Larve. Also müssten Sie rechnerisch 6.000 Eier entdecken können.

Wenn Sie diese Punkte beachten, werden Sie mit großer Wahrscheinlichkeit einen guten Kauf machen.

Der angemessene Preis für ein Bienenvolk

Nach schwierigen Wintern ist das Angebot an überwinterten Völkern knapp und die Preise sind entsprechend hoch. Welche Preise Imker für ihre überwinterten Bienenvölker fordern, ist sehr unterschiedlich. Der Preis für ein Volk schwankt zwischen 100 bis 200 Euro. Bei Völkern aus ökologischer Bienenhaltung werden Preise bis 230 Euro (Stand: 2014) gefordert. Kaufwillige Imker sind oft glücklich überhaupt einen Verkäufer zu finden. Außerdem sind die allermeisten Imker Hobbyimker und gerade jüngere Imker stehen auf dem Standpunkt, dass ein Hobby auch mal etwas kosten darf. Das alles veranlasst Bienenverkäufer, an der Preisschraube zu drehen. Trotzdem sollte der Preis für Sie nicht das wichtigste Kriterium beim Völkerkauf sein. Gute und teure Völker bringen ein Vielfaches des Verkaufspreises an neuen Ablegern und an Honig ein.

Transport der Bienen

Klären Sie mit dem Verkäufer im Vorfeld genau, welches Rähmchenmaß er hat und ob dieses in Ihre Beuten passt. Vergessen Sie nicht einen geeigneten Fluglochverschluss, einen Spanngurt und eventuell auch eine Abdeckfolie. Falls Sie die gekauften Bienenvölker im PKW transportieren, sind alte Zeitungen oder eine Decke als Unterlage für die Beuten sinnvoll. Sonst besteht die Gefahr, dass das Auto durch Wachskrümel verschmutzt wird.

Gut zu wissen

Wer Bienenvölker von einem Stand zum anderen bringt, braucht, sobald er die Grenzen des Landkreises überschreitet, eine Gesundheitsbescheinigung für Bienenvölker, die Sie vom Verkäufer der Bienen erhalten müssen. Kaufen Sie nie ein Bienenvolk ohne diese Bescheinigung!

Importe aus dem Ausland: Paketbienen

Nach Wintern mit großen Verlusten werden sogenannte „Paketbienen" in der Presse und im Internet angeboten. Paketbienen sind Bienenschwärme zu 1,5 Kilogramm mit Königin. Sie werden dem Imker in kleinen Schwarmkistchen zum Verkauf angeboten. Er muss sie dann nur noch einschlagen und etwas aufpäppeln. Diese Bienenschwärme kommen in den meisten Fällen aus Sizilien/Kalabrien oder aus Neuseeland. Die Königinnen sind meistens Ligustica oder Buckfast. Gelegentlich werden auch Carnica-Königinnen angeboten oder zumindest das, was der jeweilige Verkäufer darunter versteht.

Mit Risiko

Der Kauf von Paketbienen ist problematisch, weil auf diese Weise fremde Krankheitserreger und Schädlinge wie der Kleine Beutenkäfer und die Milbe Tropilaelaps clarae nach Deutschland kommen können. Der Import von gesunden Paketbienen ist indes erlaubt und findet tausendfach statt. Manche Importeure geben Rabatte an Imker, die mehr als 100 Kunstschwärme abnehmen. Das zeigt, dass es sich nicht nur um Einzelfälle handelt.

Da aber die Bienen hier nicht heimisch sind, verfälschen sie durch ihre Drohnen die hier heimischen Typen der Honigbiene. Außerdem können die Bienen, die nicht auf Sanftmütigkeit, sondern auf Honigertrag ausgelesen sind, ausgesprochen temperamentvoll sein. Auch aus betrieblichen Gründen spricht mehr gegen die Paketbienen als für sie: Bis sich aus einem 1,5 Kilogramm schweren Volk ein vernünftiges Bienenvolk entwickelt hat, ist die Saison fortgeschritten und die Überwinterung steht an. Dass diese eine kritische Zeit ist, ist Ihnen ja bekannt.

Service

Literatur

Frett, Gilles; Nowottnick, Klaus, Königinnenzucht. Praxisanleitungen für Imker, Leopold Stocker Verlag, Graz, 2013

Gensch, Elke et al., Das Deutsche Bienen-Monitoring-Projekt: Eine Langzeitstudie zur Untersuchung periodisch auftretender hoher Winterverluste bei Honigbienenvölkern, Apidologie 2010, erhältlich unter: http://www.innovation-naturhaushalt.de/der-bienenstock/deutsches-bienenmonitoring/

Kanitz, Johann Gottlieb, Honig- und Schwarmbienenzucht, ED. Freyhoff's Verlag, Oranienburg, 1892

Lampeitl, Franz, Bienenbeuten und Betriebsweisen, Verlag Eugen Ulmer, Stuttgart, 2009

Pohl, Friedrich (Hg.), Bienenkiste, Korb und Einfachbeuten, Kosmos Verlag, Stuttgart, 2013

Pohl, Friedrich, Varroose – erkennen und erfolgreich behandeln, Kosmos Verlag, Stuttgart, 2009

Ritter, Wolfgang, Bienen gesund erhalten: Krankheiten vorbeugen, erkennen und behandeln, Verlag Eugen Ulmer, Stuttgart, 2012

Tautz, Jürgen et. al., Phänomen Honigbiene, Spektrum Akademischer Verlag, Heidelberg, 2009

Zander, Enoch; Böttcher, Karl, Haltung und Zucht der Biene, Verlag Eugen Ulmer, Stuttgart, 1989

Adressen

Andermatt BioVet GmbH
Weiler Strasse 19–21
79540 Lörrach
Telefon: +41 62 917 51 10
E-Mail: info@andermatt-biovet.de
http://www.andermatt-biovet.de

Julius Kühn-Institut
Bundesforschungsinstitut für Kulturpflanzen
Institut für Pflanzenschutz in Ackerbau und Grünland
Untersuchungsstelle für Bienenvergiftungen
Messeweg 11–12
38104 Braunschweig

Volierendraht als Mäusegitter:
Drahtwaren Driller GmbH
Robert-Bunsen-Straße 7d
79108 Freiburg im Breisgau
Telefon 0761 / 15 14 76 – 0
Fax 0761 / 15 14 76 – 299
E-Mail: draht-driller@t-online.de
http://www.draht-driller.de

Internet

www.Beutenheizung.de

Bildquellen

Titelfoto: Petar Paunchev – Shutterstock.com
Alle übrigen Fotos stammen vom Autor.
Die Zeichnungen fertigte Helmuth Flubacher, Waiblingen, nach Vorlagen des Autors.

Haftungsausschluss

Autor und Verlag haben sich um richtige und zuverlässige Angaben bemüht. Eine Garantie kann jedoch nicht gegeben werden. Haftung für Schäden und Unfälle wird aus keinem Rechtsgrund übernommen. Der Tierhalter sollte bedenken, dass er in eigener Verantwortung handelt.
In diesem Buch sind die Namen von Medikamenten, die zugleich eingetragene Warenzeichen sind, als solche nicht besonders kenntlich gemacht. Es kann also aus der Bezeichnung der Ware mit dem für diese eingetragenen Warenzeichen nicht geschlossen werden, dass die Bezeichnung ein freier Warenname ist. Die Markennamen wurden nur beispielhaft aufgeführt. Hinsichtlich der in diesem Buch angegebenen Dosierungen von Medikamenten und Ähnlichem wurde mit größtmöglicher Sorgfalt vorgegangen. Gleichwohl werden die Leser aufgefordert, zur Kontrolle die entsprechenden Beipackzettel der Hersteller zu beachten.

Register

A
Ableger 67
Akuten Bienen-Paralyse-Virus 99
Ameisensäure 44

B
Bauwagen 84
Bestandsbuch 51
Beutenmaterialen 27
Bienenkauf 103
Bienenmonitorings 7
Bienen-Paralysevirus 15
Bienensterben 7, 12
Bienensterbens 9
Bienensterblichkeit 7
Bienentraube 19
Blütenhonig 31
Brut 41
Brutablegern 41

C
COLOSS-Projekt 7

D
Deutsche Bienenmonitoring 12
Dieben 100
Drohnenbrut 41
drohnenbrütig 91
Durstnot 21

E
Einfachbeuten 68
einfachen Gebäuden 83
Einfütterung 31
einräumig 63
Einräumiges 64
Einwinterung 52

F
Fangwabenverfahren 42
Feuchtigkeit 19

Flügel-Deformations-Virus 15
Frost 22
Frühjahrsreizung 95, 98
Futternotstand 30
Futtersirup 32
Futterverbrauch 29, 57
Futtervorräte 93
Futterwaben 33

G
Gemülls 61
Gitterboden 28

H
Haupttraube 38
Holz 27
Holzmagazinen 58
Höselmehl 96
Hungertod 20, 93

I
Importe 105
Israelischen Akute-Bienenparalyse-Virus 8

K
Kashmir-Bienen-Virus 15
Keller 85
Kondenswasser 59
Königin 18

M
Mäuse 36
Mäusen 79
Miete 80
Mini-Plus-Beuten 65

N
Nosema 12, 16, 89

P
Pflanzenschutzmittel 23
Pollen 96
Pollenversorgung 33
Pollenwaben 34
Puderzucker 42

R
Raumgröße 63
Reinigungsflug 89
Reizfütterung 33
Reserveköniginnen 65
Ruhe 38

S
Schwächlingen 91
Sommerstand 62, 73
Specht 35
Styropor 74
Styroporbeuten 28
Südeuropa 74

T
Top-Bar-Hive 68, 69

U
Überwinterung 26, 52

V
Varroabefall 13
Varroabehandlung 49, 62, 69
Varroabekämpfung 40
Varroagitter 42
Varroamilbe 13, 26, 40, 70
Varroamilben 8, 12, 55, 78
Varroose 99
Vergiftung 9
verhungern 63
Viruserkrankungen 15

W
Warmes Überwintern 76
Warré-Beute 68, 71
Waschbären 37
Wasser 98
weisellose 91
Winterbehandlung 48
Winterbienen 33, 40, 55
Winterfutters 21
Winterkugel 56
Wintertraube 55

Z
Zucker 31
Zweiräumiges 63

Impressum

Bibliografische Information der Deutschen Nationalbibliothek
Die Deutsche Nationalbibliothek verzeichnet diese Publikation in der Deutschen Nationalbibliografie; detaillierte bibliografische Daten sind im Internet über http://dnb.d-nb.de abrufbar.

Das Werk einschließlich aller seiner Teile ist urheberrechtlich geschützt. Jede Verwertung außerhalb der engen Grenzen des Urheberrechtsgesetzes ist ohne Zustimmung des Verlages unzulässig und strafbar. Das gilt insbesondere für Vervielfältigungen, Übersetzungen, Mikroverfilmungen und die Einspeicherung und Verarbeitung in elektronischen Systemen.

© 2015 Eugen Ulmer KG
Wollgrasweg 41, 70599 Stuttgart (Hohenheim)
E-Mail: info@ulmer.de
Internet: www.ulmer.de
Lektorat: Silke Behling, Dr. Eva-Maria Götz
Herstellung: Gabriele Wieczorek
Umschlagentwurf: red.sign; Anette Vogt, Stuttgart
Satz: r&p digitale medien, Echterdingen
Druck und Bindung: Graph. Großbetrieb Friedrich Pustet, Regensburg
Printed in Germany

ISBN 978-3-8001-8334-0

Immer den Blüten nach

- **Alle wichtigen Informationen zur Wanderimkerei**
- **Für gelungene eigene Wanderungen**
- **Aus der Praxis eines erfahrenen Wanderimkers**

Dieses Buch beschreibt den Ablauf der Wanderung, angefangen bei allen nötigen Vorüberlegungen, der Organisation, der notwendigen Technik je nach Imkereigröße und der Lösung typischer Probleme, die mit dem Wandern verbunden sind. Ein Überblick zeigt mögliche Trachten und die beste Zeit, sie anzuwandern. So lassen sich das Honigangebot erweitern, die Pollenversorgung der Bienen verbessern, bei Einfütterung sparen und die Betriebsmittel besser nutzen.

Wandern in der Imkerei. Marc-Wilhelm Kohfink. 2013. 104 Seiten, 32 Farbfotos auf Tafeln, 12 Zeichnungen, kart. ISBN 978-3-8001-7891-9.

 **www.ulmer.de**